# FUN
# FUN
# BASIC
# PERM

# 펀펀 베이직 펌

최연희

최중석

FUN
FUN
BASIC
PERM

(주)교 문 사

# 머리말
PREFACE

펌은 모발과 두피를 건강한 상태로 유지하며 고객의 얼굴형에 맞는 펌을 하여 새로운 이미지를 찾아내는 것이라고 할 수 있다.

펌은 헤어숍에서 고객들이 가장 많이 시술하는 헤어스타일이며 미용기술교육의 기초 과목으로 초보미용인들이 국가미용자격증 취득과정이나 기초를 입문할 때 가장 기본적으로 연마하는 테크닉 기술이기도 하다.

이 책의 이론 부분은 2개장으로, chapter 1~2에서는 모발의 이해와 헤어스타일의 변천을 다루었다. 실습 부분은 8개장으로 chapter 3~4는 펌의 원리와 펌의 이해과정을, chapter 5~7에서는 펌의 디자인 형태 분석, 샴푸와 린스, 트리트먼트 과정, 펌 시술과정 등을 다루었고, chapter 8~10장에서는 기초 펌 와인딩, 와인딩 테크닉 종류, 펌 와인딩 크리에이티브 아트 등의 펌 와인딩을 소개하였다. 마지막 chapter 11은 그동안 몰랐던 모발에 대한 오해와 진실을 다루었다.

이 책은 미용기술에 입문하는 학생들을 위한 미용 기초 기술서로 베이직 펌에 대한 다양한 미용기구, 기초 기술, 와인딩 기법 등을 하나하나 사진 자료를 통해 상세히 표현하고자 노력하였다.

창의적인 스타일 작업은 몸은 힘들지만 자신이 가진 열정의 샘을 솟아나게 하는 에너지원이다. 이 책의 집필 시간 동안 힘든 일들도 많았지만 행복한 시간이었다. 마무리를 하고 보니 아직도 부족한 점들이 많다고 느껴진다. 이러한 부분들은 앞으로 수정·보완해나갈 것을 약속드리며 따뜻한 격려와 아낌없는 조언을 보내주시길 바란다.

마지막으로 이 책이 나오기까지 많은 도움을 주신 헤어데쥬르 고객과 모델들, 끝까지 지원해주신 교문사 류제동 사장님과 이진석 상무님, 손선일 대리님께 감사의 마음을 전하고 싶다.

2014년 2월

저자 일동

차례
CONTENTS

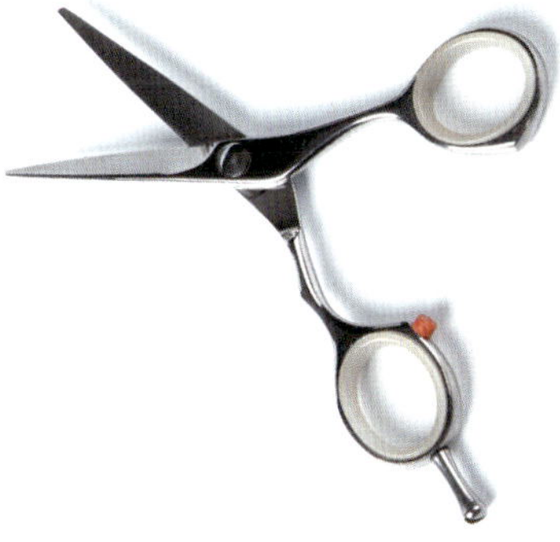

# Chapter 1

# 모발의 이해

1. 모발의 발생과 구조
2. 모발의 물리적 특성

FUN FUN Basic Perm

# Chapter 1 모발의 이해

## 1. 모발의 발생과 구조

인류는 오스트랄로피테쿠스로부터 현재의 인간 호모사피엔스Homo sapiens로 진화하였다. 혹독한 자연환경을 이겨내기 위해 몸을 덮고 있던 털들은 불을 도구로 사용하면서 서서히 퇴화되어 오늘날 인간의 몸을 형성하였다. 모발은 사람 몸에 난 털毛의 총칭이며 포유류 특유의 피부 부속기관으로 피지선이나 한선과 함께 피부 표피에서 생기는 것으로 태아의 발육과 동시에 발생한다. 모든 피부가 발생하면서 모발이 생겨나는데, 각화현상이 진행되면 한 가닥의 모毛가 형성되는 것이다. 사람의 경우 모발의 발생은 태생 9~12주부터 시작되어 신생아의 경우 이미 모발이 생겨나고 있다. 몸 전체에 난 털은 두발을 포함하여 뺨에 난 털, 수염, 눈썹, 속눈썹, 코털, 귀털, 겨드랑이 털, 음모, 체모 등으로 명칭을 구별하며 털은 손, 발바닥, 입술, 귀두, 음경음핵을 제외한 모든 부분에 자라나고 있다.

모발은 두피에 1~5개씩 근접하여 비스듬히 뿌리 박혀 있으며 잘라도 다시 자라난다. 모발은 자연 또는 화학적인 작용에 의해 손상될 수 있으며 색이 변할 수 있다. 또한 모발은 2개의 부분으로 나눌 수 있는데 우리가 눈으로 볼 수 없는 부분을 모근hair root이라고 하며, 우리가 눈으로 볼 수 있는 부분을 모간hair shaft이라고 한다.

### 1) 모발의 기원

모든 포유류 생물체는 정자와 난자가 수정을 한 후 세포분열로 난할을 하여 여러 개의

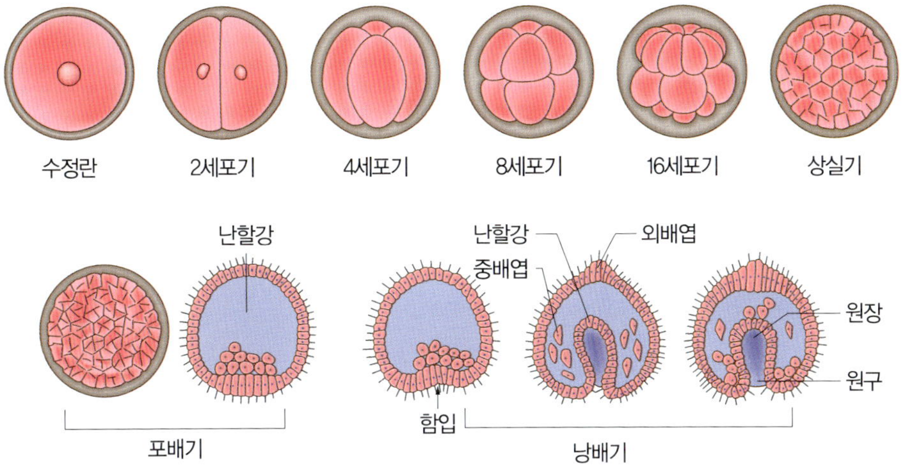


| 구분 | 발생기관 |
|---|---|
| 외배엽 | 표피, 손톱, 털, 땀샘, 감각기, 신경계, 뇌하수체, 부신수질 |
| 중배엽 | 척색, 신절(신장, 난소, 정소), 체질(근육, 진피, 결합조직, 연골, 골격), 순환계(혈구, 혈관, 심장, 림프조직), 비장 및 부신피질 |
| 내배엽 | 소화관과 호흡기의 상피, 편도선, 갑상선, 간, 췌장, 방광과 요도의 상피, 중이와 유스타키오관의 상피 |

**그림 1** 모발의 기원과 발생기관

세포로 할구를 형성하게 된다. 즉 수정란은 난할을 하여 2세포기, 4세포기, 8세포기, 16세포기가 만들어진다. 이때의 할구 덩어리는 투명대로 둘러싸여 있으며 마치 모양이 오디처럼 보이기 때문에 이 시기를 상실배나 상실기라고 한다. 중앙에는 난할강이라는 빈 곳이 생기는데, 이 시기를 포배기라고 하고 주머니 모양으로 외배엽, 중배엽, 내배엽이라고 하며 세포층이 만들어지는 시기를 인체의 구성하는 낭배기라고 한다.

## 2) 모발의 발생과정

인체는 태생 초기인 6~7주가 되면 모발은 표피에서 생기게 되는데, 배아층, 중간층, 주피로 분화되며 12~14주가 지나면 중간층이 두꺼워지고 배아층 세포가 모여 촘촘한 집합체로 모아가 형성되는 개시단계를 전모아기라고 한다.

전모아기는 빠른 속도로 모아기로 진행된다. 배아층은 진피층 세포로 침입하여 들어가며 중간층 세포는 바깥을 둘러싸고 있는 배아층 세포 속으로 진입하여 모아의 중심부를 형성하고 모아는 맨 끝부분에 있는 간엽성세포 집단에 끌려오듯이 진피 내에서 형성되는 이 단계를 모항기라고 한다.

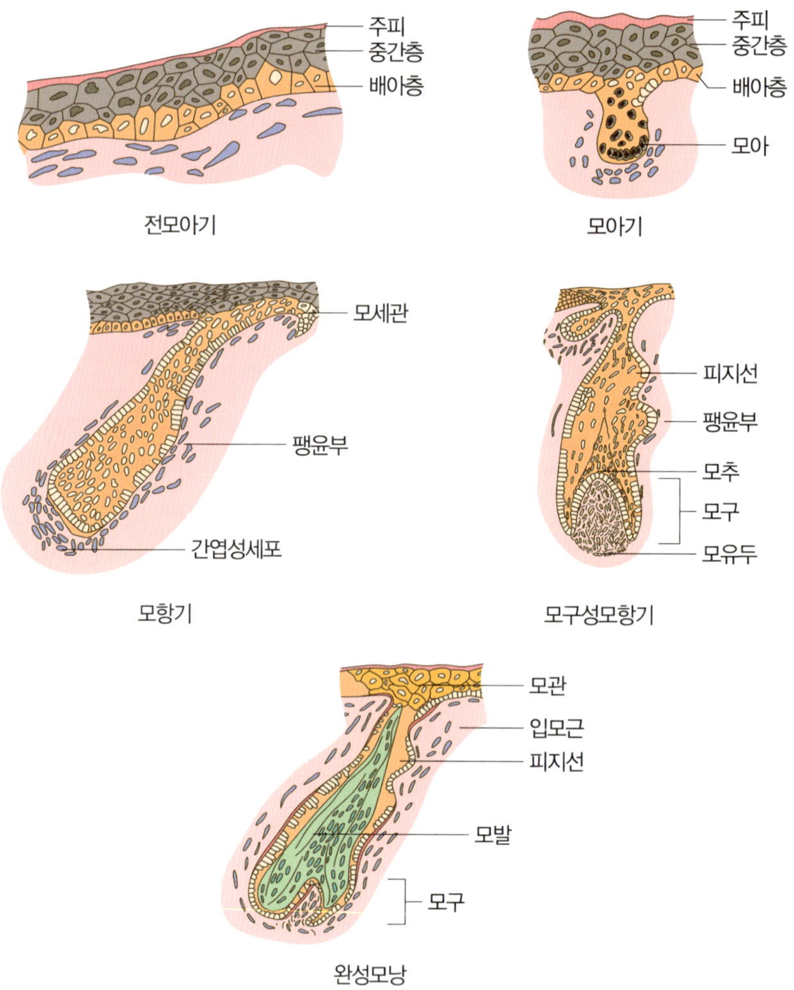


**그림 2** 모발의 발생과정

모항기에서는 모아가 진피 속에서 자리를 잡고 피지선이 형성되는데, 끝이 약간 둥글어지고 요철처럼 형성되며 이 요철 속에 간엽성세포의 집단은 최초의 모유두가 된다. 모낭 중심부에는 모추라고 불리는 털이 생겨나게 된다.

모낭의 위쪽과 아래쪽 부분에 피지선과 입모근이 자리를 잡으며 모낭의 끝이 둥글게 된 것을 모구라고 부르고 이 단계를 모구성모항기라고 한다.

### 3) 모발의 구조

인체의 모발은 피부 부속기관으로부터 표피, 내부, 진피에 자리를 잡고 있는 모근부와 표피로부터 돌출된 모간부로 분류한다. 모근의 가장 아래의 부풀어 있는 부분을 모구라고 하고 모구의 아래 부분은 요철 모양으로 되어 있으며 모유두를 감싸고 모세혈관을 통해 영양을 공급받으면서 모발의 성장에 중요한 역할을 한다. 머리카락이 뽑았을 때 뿌리 끝

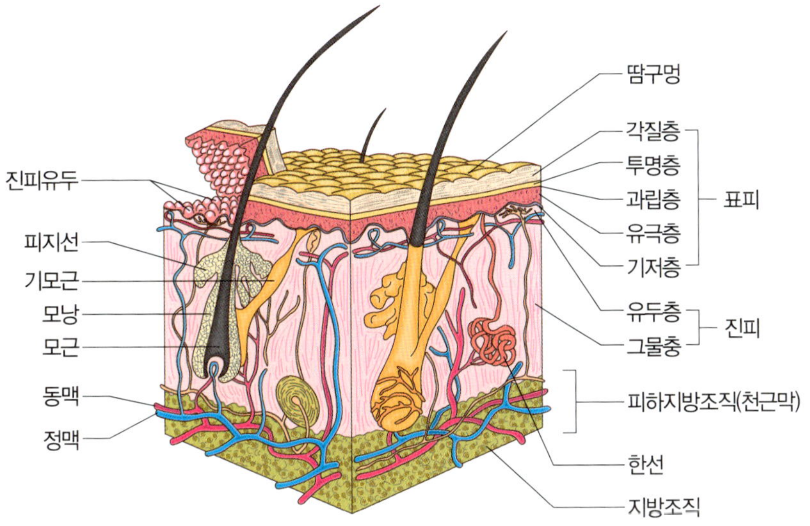


**그림 3** 피부의 구조

의 하얀 물질은 모근에 모낭의 일부가 붙어서 나왔기 때문이고 모유두가 손상되지 않는 한 머리카락은 계속적으로 성장하며 수명이 끝나면 생리 현상에 의해 자연스럽게 빠지고 다시 새로운 머리카락으로 자라게 된다.

### (1) 모근부의 구조

**① 모낭** 모발을 둘러싸고 있는 모양으로 내·외부층의 피막을 모낭follicles이라고 말한다. 표피가 피하소식까지 움푹 들어가 있고 진피의 안쪽에 있는데 모낭은 둥근 관 모양을 하고 모유두를 감싸고 있으며 자루 역할을 한다.

**② 모유두** 태어날 때부터 전체 개수가 정해져 있으며 젖꼭지처럼 생겼기 때문에 모유두papilla라는 이름이 붙었다. 진피 세포층에 있는 모유두는 매우 가는 모세혈관과 신경에 의해 산소와 영양공급을 받으며 모근과 혈관계를 연결시켜 주는 역할을 한다.

**③ 모구** 볼록한 전구 모양의 모구bulb는 모발이 생성하고 성장하는 장소로 아랫부분은 움푹 파여 있으며 진피 세포층에서 나온 모유두와 맞물려 모질세포와 멜라닌세포로 구성된다.

**④ 모모세포** 세포 분열을 통해 모발이 성장할 수 있도록 모유두에서 영양을 공급받는다. 모모세포germinal matrix는 세포 분열이 왕성하여 끊임없이 분열하거나 증식을 하는데, 모유두의 정점 부분에서는 모피질이 된 세포가, 가장 아래 외측에서는 모표피가 된 세포가 분열하여 위로 밀리고 있다.

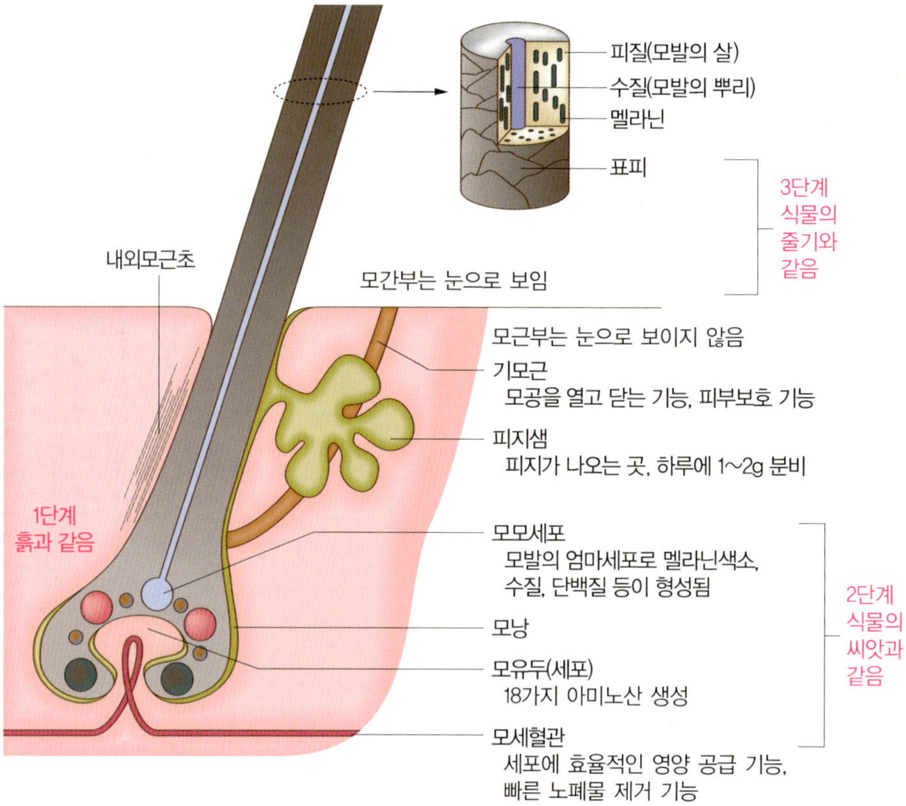


**그림 4** 모근부의 구조

⑤ **피지선** 인체 전체에 걸쳐 분비되며 피부 보호작용, 수분증발 억제, 살균작용, 유화작용, 윤택 및 유연성을 준다. 피지선sebaceous gland은 손, 발바닥, 입술, 남성 귀두, 여성 음핵을 제외한 거의 모든 전신의 피부에 분포하고 신체 부위에 따라 크기, 형태, 분포도 면에서 차이가 난다.

⑥ **기모근** 모낭의 옆쪽에 위치하여 모발을 붙잡고 있는 모양의 작은 근육인 기모근arrector pili muscle은 사람이 충격 등으로 머리카락이 뾰족하게 서는 느낌이 들게 하거나 추위와 공포를 느끼는 자율신경으로 피부의 소름을 돋게 하는 역할을 한다. 속눈썹, 눈썹, 코, 뺨, 입술에는 기모근이 없다.

## (2) 모간부의 구조

모발이 바깥쪽에 나와 있는 부분을 모간부라고 부르며 모발의 단면을 현미경으로 확대하면 바깥부터 표피층, 피질층, 수질층의 3가지 층으로 나눌 수 있다.

① **모표피** 모발 내부를 보호하는 모표피cuticle는 모발의 가장 겉 표면이자 딱딱하고 납작한 단백질 세포로 5~15겹의 기왓장과 같은 조직으로 구성되어 있으며 인종에 따라

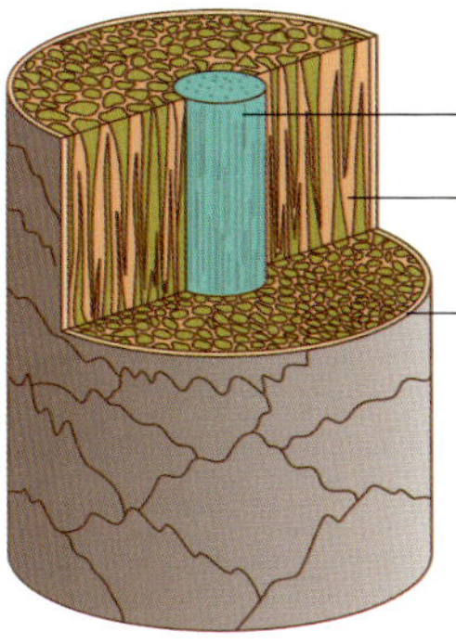


그림 5 모간부의 구조

여러 겹으로 다르게 나타난다. 표피층은 팽창 능력이 커서 화학 성분을 쉽게 흡수하며 알칼리와 접촉하면 팽창되어 열리고 산과 접촉하면 단단하게 폐쇄된다. 즉 화학적 시술인 염색이나 펌 등으로 손상을 줄 수 있다.

모발의 10~15%를 차지하며 반투명의 세포막은 빛을 통과시키므로 모발이 상했거나 갈라졌을 경우에는 빛을 불규칙적으로 통과시키고 반사되므로 거친 느낌을 준다. 또한 모발의 가장 바깥층은 부드러운 케라틴층으로 구성되어 친유성을 띠고 있다. 표피층의 세포를 살펴보면 3개 층으로 보이며 다음과 같이 구성되어 있다.

- 에피큐티클

에피큐티클epicuticle은 모표피의 가장 외층 막으로 비늘 모양의 단백질이 견고하게 결합되어 있는데, 산소와 화학약품에 대한 저항이 가장 강한 층이며 알칼리에 강하고 친유성이다.

- 엑소큐티클

엑소큐티클exocuticle은 펌 등 케라틴 침식성 약품의 작용을 받기 쉽다.

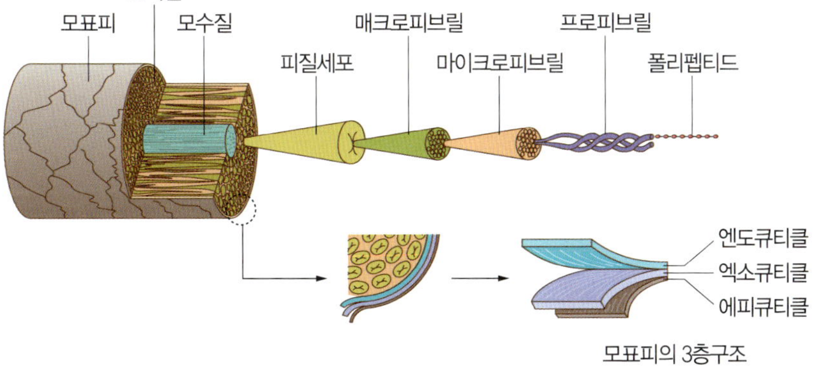


그림 6 모발의 횡단면 구조

● 엔도큐티클

엔도큐티클endocuticle은 가장 안쪽에 있는 층으로 친수성이며 알칼리에 약하다.

② **피질층** 모발의 85~90%를 차지하는 피질층cortex은 모발의 성질을 좌우하는 제일 중요한 부분이다. 표피층과는 달리 친수성인 부드러운 단백질protein fiber인 케라틴keratin으로 구성되며 케라틴에는 황s 함유량이 두드러지게 높다. 펌 시술 시에는 화학적 결합에서 큰 작용을 하며 또한 멜라닌색소를 함유하고 있어 컬러링 시술을 받게 된다. 이 단백질 사슬들은 서로 휘감아 원섬유가 되며, 이 원섬유들은 서로 꼬여서 마이크로피브릴이 된다. 마이크로 피브릴은 동일한 과정으로 매크로피브릴이 되는데, 이 매크로피브릴도 나선형으로 결합된다. 이 과정이 완결되면 모발의 피질이 형성되며, 이 케라틴사슬은 모

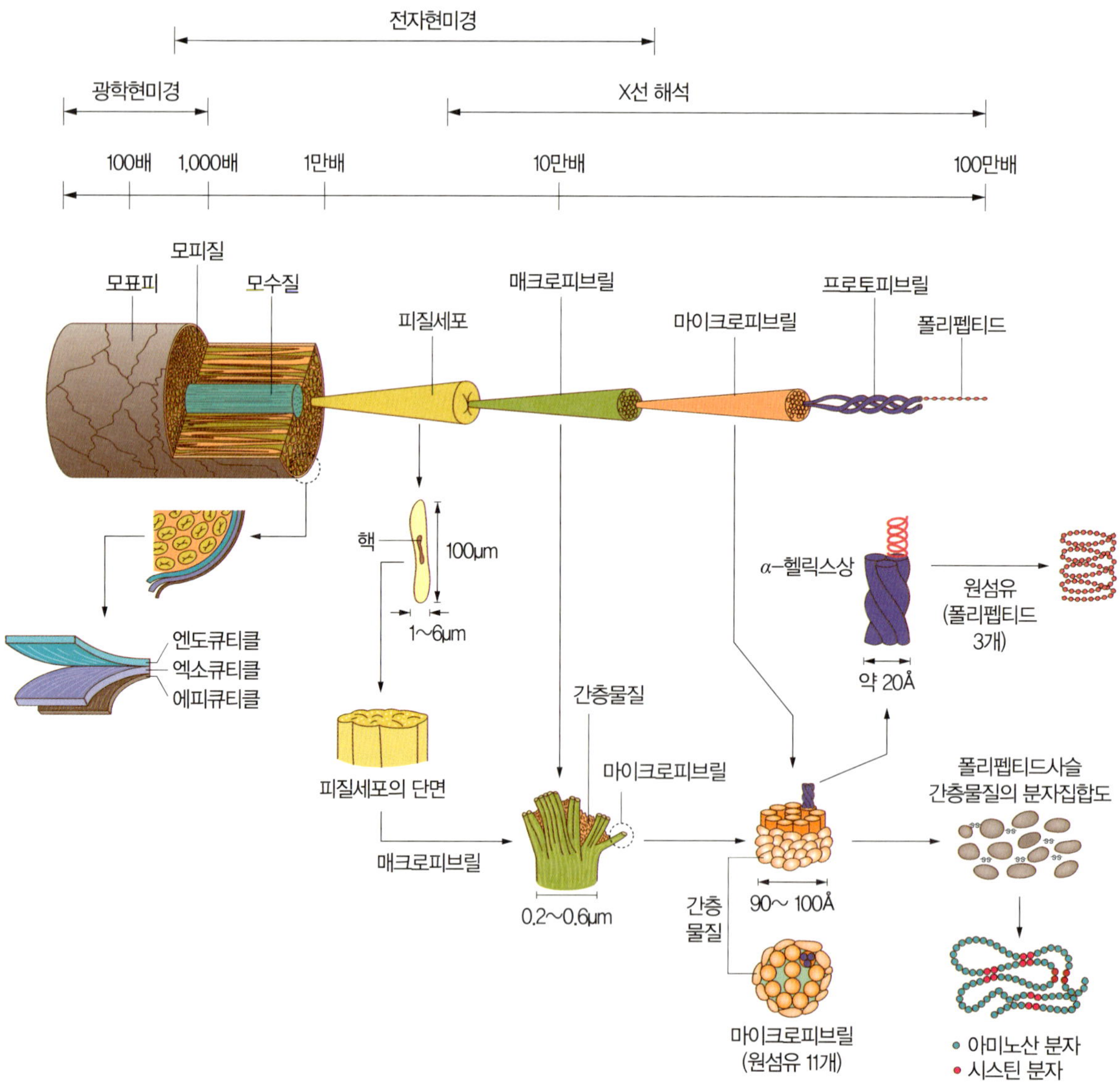


**그림 7** 모발섬유의 세부 구성

발을 팽팽하게 잡아 늘릴 때 스프링처럼 끊어지지 않고 늘어나는 성질이 있다.

● α헬릭스

모발 구조의 기본 단위는 자연 상태의 α헬릭스이다(α케라틴 폴리펩티드사슬).

● 프로토피브릴protofibril

α헬릭스사슬은 고도로 감겨 있는 3가닥 나선형을 형성하는데, 이것을 프로토피브릴이라고 한다. α헬릭스의 폴리펩티드사슬의 3가닥 나선형 배열은 시스틴 잔기에 인접한 폴리펩티드사슬 사이에 주어진 공유성 교차 결합으로 서로 강하게 연결되어 있다.

● 마이크로피브릴microfibril

3가닥 나선형프로토피브릴이 11개가 모여서 마이크로피브릴을 형성한다.

● 매크로피브릴macrofibril

마이크로피브릴이 모여서 매크로피브릴을 형성한다.

**③ 수질층** 모발의 중심 부분인 수질층medulla은 속이 비어 있고 그 안에 공기를 함유하고 있다. 실제적으로 중요한 기능을 하지 않는다고 단정하기도 하는데 아직 정확하게 알려지지 않았다.

대다수 동물에서는 수질층이 털의 2/3을 차지하고 이러한 세포는 전열체보온의 역할의 작용을 했지만 사람에게는 아무 쓸모가 없어서 사라져가고 있으며 태아와 유아의 모발 또는 초기모와 같이 부드럽고 가는 모발에서는 찾아볼 수가 없다.

## (3) 모발의 성장주기

모발은 정기적으로 6년까지 지속적으로 새로 자라나며 모근이 퇴화되면서 생리적 자연 탈모가 일어나게 된다. 이와 동시에 모유두에서 성장단계는 연속되는 4단계를 반복한다. 모낭의 활동단계를 성장기anagen, 퇴화기catagen, 휴지기telogen, 발생기라고 하며 남성의 경우 3~5년, 여성의 경우 4~6년 동안 지속되고 모발의 성장주기가 대략 10~15회 반복된다. 모발은 한 가닥 한 가닥이 독립적이고 모유두의 수가 결정된 채로 태어난다.

**① 성장기** 모발의 성장은 모유두 및 모구의 밑부분에 일어나고 있으며 혈관계에 직접 연결되어 있는 모유두를 통해 성장에 필요한 산소 및 영양분을 받고 이 과정에서 세포분열이 일어나게 된다. 세포분열의 영구적인 구역은 모모세포층모태으로 지칭한다. 이 영역의 세포들은 완만한 속도로 모낭 안에서 단단해지면서 위로 향하여 천천히 올라오는 것을 각화라고 한다.

멜라닌은 세포들 속에서 저장되어 있으며 모발에 자연색을 갖게 한다. 전체 모발의 80~90%가 2~6년간 지속되는 성장기anagen 단계이며 모발의 성장은 하루에 0.35~0.4mm, 1개월에 0.8~1.5cm 정도 자란다.

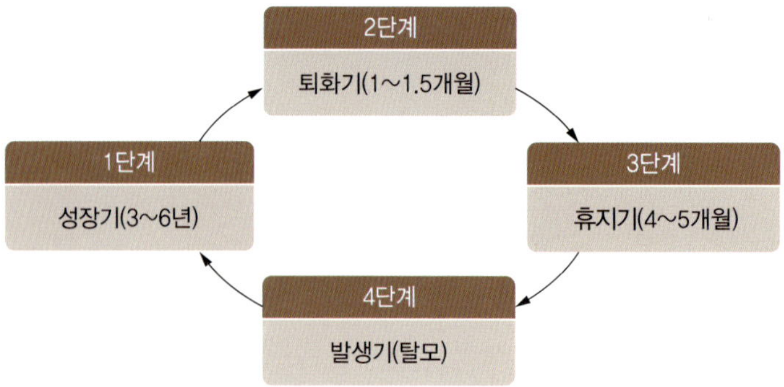


**그림 8** 모발의 성장단계

**② 퇴화기** 모유두가 모발의 영양을 관장하는 성장단계 이후 모모세포층의 세포분열이 저조해지는 시기로 모유두와 모구부가 분리되고 모낭이 수축되고 혈액공급이 중단되어 모세혈관으로부터 떨어져 나오게 된다. 전체 모발의 1%가 대략 3~4주간 지속되는 시기를 퇴화기catagen라고 한다.

**③ 휴지기** 모구가 모유두와 모낭에서 완전히 분리되고 모발은 위로 향하여 자라난다. 피지 분비에 의해 빠질 때까지 모발은 모낭 안에 머무른다. 휴지기telogen 동안에 모유두에서는 새로운 성장 단계가 생성되는데, 이는 새로운 모발의 시작이다. 전체 모발의 14%가 해당되며 3~4개월간 지속되면서 새로운 모발이 위로 밀려 올라가면서 모발은 자연히 빠진다. 빗질, 브러싱, 샴푸 등에 의한 물리적인 원인에 의해 모발이 떨어지지 않고 아래에서 올라오는 다른 모발에 의해 밀려 떨어지게 되는 시기를 휴지기 단계라고 한다.

**④ 발생기** 신생 모발의 모근부와 결합되므로 세포분열이 다시 왕성해지며 새로 발생

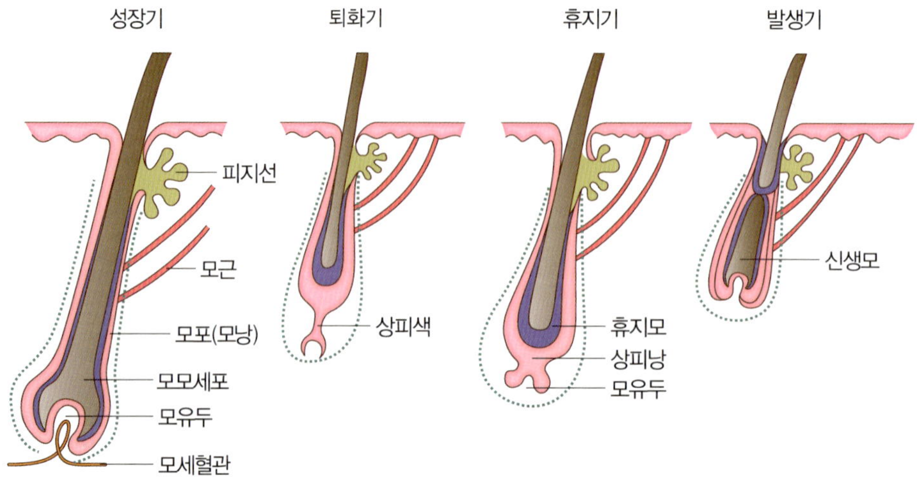


**그림 9** 모발의 성장주기

된 모발이 성장하게 되는 것을 발생기new anagen stage라고 한다.

### (4) 기타 모발의 성장주기

인체의 부위별로 모발이 자라는 성장주기가 다르다. 수염beard barba은 2~3년, 음모pubic는 1~1년 6개월, 눈썹eye brow은 4~5개월, 속눈썹eye lash은 3~4개월, 배냇머리nap는 2~4개월, 겨드랑이 털은 1~2년이다.

### (5) 모발의 자연적인 탈모

모발은 자연적으로 탈모가 되는데, 1일 탈모량은 50~100개이고 탈모가 많은 시기는 봄, 가을이고 탈모가 적은 시기는 여름, 겨울이다.

### (6) 모발의 수

모발의 수는 모발의 색, 인종, 굵기에 따라 다양하다. 개인이 평균적으로 갖고 있는 모발의 수는 약 10만 개 정도이다. 금발은 갈색모보다 가늘고 모발의 숱이 더 많다. 금발 여성의 모발 수는 14만~15만 개이고 금발 남성은 13만~15만 개다. 갈색모 여성의 모발 수는 11만 개이고 갈색모 남성은 10만 개이며 흑모인 사람의 모발 수는 10만 개이고 적색모인 사람은 8만 5천~8만 8천 개가 있다.

### (7) 모발의 길이

모발은 1일에 약 0.4mm씩 자라고 대략 1개월에 1~1.5cm 정도 자란다. 남성이 여성보다 자라는 속도가 빠르고 겨울보다 여름이 자라는 속도가 빠르다. 모발은 최고 90cm까지 자랄 수 있다.

### (8) 모발의 굵기와 단면

모발의 굵기는 나이와 인종, 영양 상태에 따라 다양하며 미용시술 염색이나 펌 시술로 단백질이 빠져나가 가늘어질 수 있다. 또한 어린 아이들은 모발이 가는 상태이며 성인이 되면서 머리카락이 가장 굵어지고 늙어갈수록 가늘어진다. 경모는 약 0.1mm를 말하며 보통 모발은 0.075~0.085mm를 말하고 연모는 0.06mm를 말한다.

건강모는 원형에 가까운 타원형이며 동양인, 서양인, 흑인 등 인종에 따라 모경지수가 다르며 모경지수가 적을수록 흑인 모발에 가깝다.

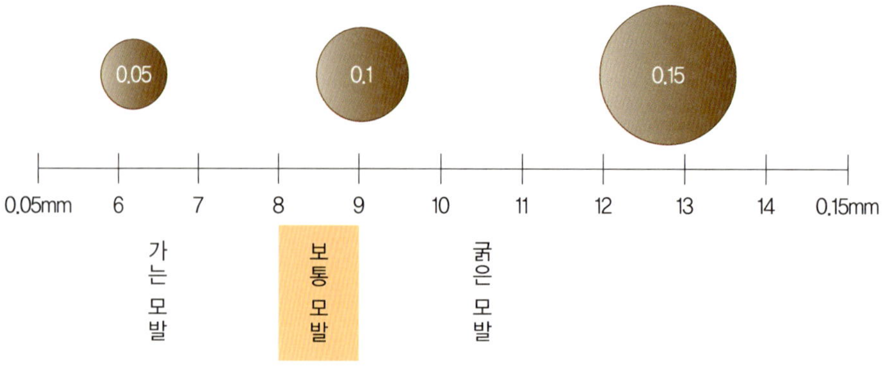


**그림 10** 모발의 굵기 비교

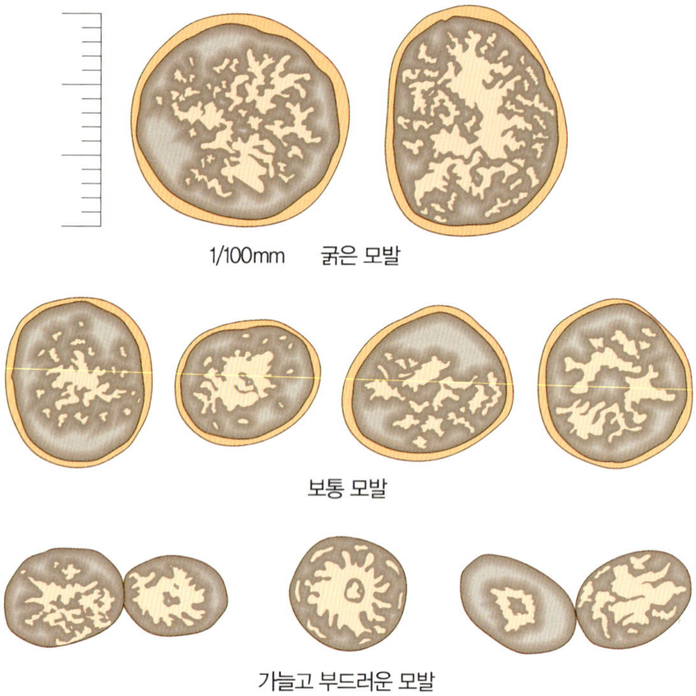


**그림 11** 모발의 횡단면 모양 비교

## (9) 모발의 밀집도

두피 $1cm^2$ 위에 약 50~150개 정도의 모발이 밀집하여 있고 여성이 남성보다 더 많은 개수의 모발을 갖고 있다.

## (10) 모발의 분류

모발은 딱딱한 정도에 따라 경모와 연모로 나눌 수 있다. 경모hard hair는 굵고 강한 모발을 말하며 뻣뻣한 머리카락, 수염, 겨드랑이 털, 음모가 속한다. 연모soft hair는 경모를 제외한 가늘고 부드러운 모를 말한다.

모발 횡단면의 모양에 따라 직모, 파상모, 축모로 나눌 수 있다. 직모straight hair는 황인종에 주로 분포하며 횡단면의 모양이 원형에 가깝다. 파상모 또는 곡모wavy hair는 백인종에 주로 분포하고 약간 곱슬형이며 횡단면의 모양이 타원형에 가깝다. 축모curly hair는 흑인종에 주로 분포하고 횡단면이 납작하다.

### (11) 모발의 역할

① 머리털은 인체를 보호하는 기능을 하는데 두상을 충격으로부터 보호하고 보온 역할을 한다.
② 자외선으로부터 피부를 보호하는 역할을 한다.
③ 코털은 코 안으로 들어오는 먼지를 막아주는 역할을 한다.
④ 눈썹은 눈으로 들어오는 먼지의 유입을 방지하고 빛을 차단한다.
⑤ 겨드랑이 털은 겨드랑이에서 땀으로 인한 마찰을 방지해준다.
⑥ 중요 생식기에 있는 털은 마찰 및 땀으로부터 보호하는 역할을 한다.
⑦ 사람의 경우에는 거의 기능이 사라져가고 있지만 동물은 체온을 유지하는 역할을 한다.
⑧ 아름다움을 표현하는 역할을 한다.

## 2. 모발의 물리적 특성

### 1) 모발의 탄력성

마른 상태의 모발을 20~30% 정도 늘이면 원래의 형태로 되돌아가는 성질을 말하며 젖은 상태에서는 50~60%, 암모니아와의 접촉 시에는 더욱 많이 늘일 수 있다. 모발의 탄력성은 열에 작용에 의해 사라진다. 그러나 늘어나는 정도는 30%를 넘지 않아야 원래의 형태로 돌아갈 수 있게 된다.

### 2) 모발의 흡수성

모발은 친수성이므로 수분을 흡수하는 성질을 가지고 있다. 모발의 단백질 섬유질 사이에는 구멍이 있어 수분이 그 안으로 흡착되어 건강한 모발이 수분을 흡수하게 되면 15% 정도 부풀어 오르고 1~2% 정도 길이가 늘어난다.

샴푸 후 물에 젖은 상태는 30~35% 정도의 수분을 함유하고 손상된 다공성질도 드라이 시에는 10% 이하로 떨어진다. 모발의 습기는 모발을 탄력성이 있고 촉촉하게 해준다. 그러나 세팅이나 드라이를 한 후에 지나친 습기는 웨이브의 형태가 없어지게 하므로 이를 유지하기 위해서는 세팅 로션이나 스프레이를 사용해야 한다.

### 3) 모발의 견고성

모든 기계적인 요건에 비해 모발은 매우 견고하고 모발을 끊기 위해서는 상당한 힘이 필요하며 모발의 절단에 필요한 힘인 파열량은 나이, 인종에 따라 다르다. 그러나 모발 파열량은 화학적인 제품의 작용 후에는 변한다.

### 4) 모발의 다공성

모발의 염색이나 탈색, 펌 등의 화학처리로 인해 손상된 모발에 채우고 있는 단백질 섬유가 빠져나가 모발의 섬유가 수분을 흡수할 수 있는 능력을 말하며 모발의 다공성이 클수록 더 많은 액체를 흡수한다.

### 5) 모발의 강도와 신도

모발을 당겼을 때 가늘게 늘어나다가 하중g에 의해 끊어지는데, 이 하중의 힘을 강도라고 한다. 모발이 늘어나는 신장률을 신도라고 한다.

### 6) 모발의 열 변성

모발은 건열 또는 습열에 따라서 시술 온도와 모발에 미치는 영향이 다르다. 건열의 경우 120℃ 전후에서 팽창되고 130~150℃에서는 변색되어 시스틴이 감소되기 시작한다. 180℃에서는 케라틴 구조가 변형되며 270~300℃가 되면 타서 분해된다. 습열의 경우 100℃에서는 시스틴이 감소되고 130℃에서는 케라틴 구조가 변형된다. 헤어숍에서 펌 시술 시에는 일반 펌은 60℃ 이하로 시술하고, 열펌은 80~120℃ 정도에서 컬을 형성한다.

## 7) 모발의 pH

### (1) pH의 정의

pH는 미용 시술 시에 화학제품을 사용하기 위해서 꼭 알아야 한다. 즉 pH는 수소이온 농도지수power of hydrogen ions, 페하로서 물에 녹아 있는 수용액의 산성, 알칼리성 등을 측정하는 단위이다. 어떤 용액이 산성 또는 알칼리성을 구분하는 것은 양이온positive hydrogen ions이나 수산화음이온negative hydroxide ions의 수에 달려 있다.

수소이온 [$H^+$]과 수산화이온 [OH]을 얼마나 가지는지를 측정한다. 순수 물은 산성을 가리키는 [$H^+$]와 알칼리성을 가리키는 [OH]의 농도가 같으므로 중성이다.

건강한 모발의 pH는 4.5~5.5 정도 사이의 약산성 상태로 피부와 모발이 안정된 상태를 유지한다. 강한 산성일 경우에는 모발의 단백질이 수축·응고되어 딱딱해지며 pH 10 이상의 알칼리는 팽윤·연화되어 모발이 손상된다.

pH 눈금은 0~14까지 있는데 7이 중성이고 7보다 작으면 산성이며 7보다 크면 알칼리성이다. pH 눈금은 각 수치마다 10배수로 증가하는 것을 의미한다. pH 6은 중성 7보다 10배나 더 산성이라는 것을 의미하고 6은 5보다 10배 덜한 산성이라는 것을 의미한다. pH 0은 중성인 7보다 1000만 배가 더 산성이고 pH 14는 7보다 1000만 배가 더 알칼리성이다.

### (2) 산성의 특성

모발은 산성에 대한 저항력이 비교적 강하다. 모발의 단백질은 산성에 대해 수축작용을

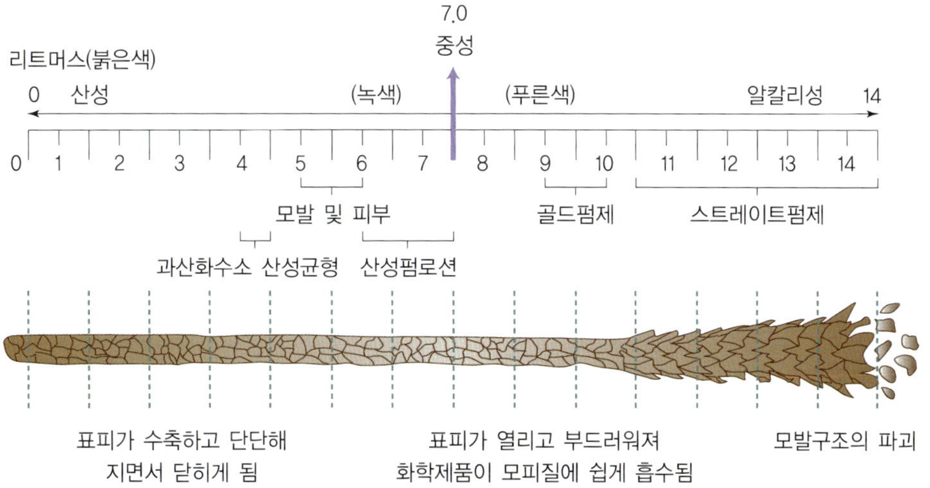


그림 12 산과 알칼리에 의한 모발의 형태 변화

하는 모표피의 응축 현상으로 인해 표피층이 단단해지면서 모발에 윤기를 주고 매끄럽게 만들어준다.

① 알칼리로 중화할 수 있으며 신맛이 난다.
② 산성 린스는 모발에 윤기를 주고 건강하게 하며 손질하기 쉽게 해준다.
③ 강한 산성이 아니라 산성에 의한 모발 손상은 아주 적은 편이다.
④ 피부 모발이나 손톱을 감싸고 있는 피지막은 약한 산성막acid mantle이다. 박테리아의 성장을 막아 주고 보호 작용을 하면서 화학적 손상과 모발 건조 등을 방지한다.

### (3) 알칼리성의 특성

모발을 부풀려 팽창하게 하는데 pH수치가 높을수록 단백질의 염결합이 파괴되어 불안정한 상태가 된다. 약한 알칼리에서는 모발의 유연함을 느낄 수 있고 알칼리성이 강해지면 모발의 측쇄결합은 물론 단백질 자체도 분해된다.

① 산으로 중화할 수 있으며 쓴맛이 난다.
② 건조해 보이며 손질하기가 나쁘다.
③ 산성막은 알칼리성의 펌, 염색, 탈색과 같이 pH가 높은 제품이 모발과 접촉하는 경우에 파괴된다.

### (4) pH 밸런스

pH 밸런스는 펌 및 염색 등의 화학적인 처리를 한 후 원래의 pH인 약산성 4.5~5.5로 되돌아가게 해주는 것이다. 화학적으로 처리된 모발은 내부 음전하의 균형을 잡기 위해 보다 강한 산성용액이 필요하게 된다. 일반적으로 pH 밸런스 제품은 피부의 산성막과 같은 효과를 준다.

### (5) 펌, 염색에 사용되는 화학제품의 pH

과산화수소peroxide는 산성이고 pH 3.0~4.0으로 펌과 염색의 산화제로 사용된다. 모발 탈색제bleach는 pH 10.0~11.0이다. 표백제는 과산화수소와 혼합될 경우에 모발의 멜라닌색소를 제거할 정도의 알칼리성으로 만든다. 암모니아는 pH 11 정도이며 멜라닌색소의 제거 과정을 돕고 모발 염색tint 용액은 pH 9.5 정도이다.

알칼리성 제품을 시술한 다음에 산성 pH가 낮은 컨디셔너를 사용하면 pH를 중화시켜서 내부피질이 환원되고 외피가 단단하고 부드러워지게 된다.

Chapter 2

# 헤어스타일의 변천

1. 서양 헤어스타일의 역사
2. 우리나라 헤어스타일의 역사

Fun Fun Basic Perm

# Chapter 2 헤어스타일의 변천

## 1. 서양 헤어스타일의 역사

### 1) 고대 헤어스타일

#### (1) 이집트시대

이집트인은 자신의 몸과 모발을 관리하는데 많은 관심을 기울였다. 이집트인은 몸에 걸치거나 두르는 숄shawl 형태의 하이크haik나 천을 그대로 허리에 둘러 입는 로인클로스loincloth를 착용하였고 신분에 따라 다른 장신구를 착용하여 자신의 지위를 표현하였다. 종교적인 의식이나 청결 등의 이유로 머리를 깎았고, 특히 중류층은 직사광선을 피하기 위해 머리를 밀었으며 둥근 모자나 모직으로 만든 가발이나 머리쓰개를 썼다.

펌 또는 퍼머넌트웨이브permanent wave에 대한 최초의 기원은 BC 3000년경 고대 이집트에서 찾아볼 수 있는데, 이집트 여인들이 나일강 유역의 진흙을 모발에 바른 후 나무막대에 감은 다음 태양빛에 말려 원시적인 컬curl 모양을 만들어서 웨이브를 연출한 것이다. 또한 빗, 거울, 면도날과 같은 미용도구가 발명되었으며 다양한 화장도구들도 발전하게 되었다.

이집트 여성의 가발은 촘촘히 땋은 머리 형태였고 리본, 천, 진주 혹은 왕관 등 머리장식을 착용하는 것이 일반화가 되어 있었으며 여왕이나 왕비는 신성한 코브라로 장식된 우라에우스Uraeus라는 금관을 썼다. 또 이집트 여성들은 식물성 염료인 헤나hena의 사용법을 알고 있었기 때문에 그것을 몸에 바르거나 머리카락을 물들일 때 사용하였다.

**그림 1** 이집트의 상류층 여성

**그림 2** 이집트 여성의 머리 장식

**그림 3** 이집트 남녀의 헤어스타일

### (2) 그리스시대

BC 5세기까지는 남녀 모두 머리를 길게 길렀다. 하지만 그 이후에는 여성과 소년을 제외한 성인 남성들은 긴 머리가 여성스럽게 보인다고 생각되어 사춘기가 되면 모발을 커트해서 신에게 바쳤다. 수염도 철학자나 지식인들을 제외하고는 모두 말끔하게 깎았다.

여성의 머리 형태는 이전에는 정성스럽게 컬을 넣어 작은 고리 모양으로 둥그렇게 만 스타일이 유행했지만, 단정하게 뒤로 넘겨 가느다란 끈이나 밴드로 묶었다. 여행할 때를 제외하고는 모자를 잘 쓰지 않았는데, 여행할 때는 남녀 모두 둥그스름한 반구형의 차양이 넓은 펠트 모자를 썼다.

**그림 4** 그리스의 모자

**그림 5** 그리스의 둥근 모자

**그림 6** 그리스 여성의 헤어스타일

**그림 7** 그리스 남성의 헤어스타일

아테네에서 미용학교가 설립될 정도로 아름다움에 대한 관심이 많았으며 그리스인들은 자연적인 모습 그대로의 미를 표현하고자 노력하였고 금발을 아름답게 여겼다. 비교적 단순한 의상으로 인해 머리 형태와 치장에 많은 관심을 가지게 되어 매일 머리를 감고 향수를 발랐다. 컬을 만들거나 잿물로 표백하고 노란 꽃을 으깬 물에 머리를 헹구어 황금색으로 착색하는 것이 유행하였으며 금색, 자주색, 흑색의 가루를 사용하여 착색하기도 했다. 가발과 리본, 웨이브와 땋은 머리, 머리에 쪽을 짓는 리본, 올림머리 등을 이용한 수많은 헤어스타일이 유행하였다.

그리스 여인에게는 머리 형태가 감정을 반영해주는 일종의 장식이었으므로 초상이 나면 모발을 잘랐다.

### (3) 로마시대

그리스 미술에 절대적 동경을 가지고 있던 로마인의 이전 그리스 영토의 정복은 그리스의 미술을 단번에 접할 수 있는 계기가 되었고, 그리스의 우수한 문화유산을 바탕으로 로마인들은 국제적 성격을 띤 문화를 전파하게 된다.

로마시대의 남성은 고불거리는 짧은 머리와 머리숱이 적은 것을 수치스럽게 생각하여 가발을 쓰기 시작했으며 초기에는 수염을 길렀는데, 성직자의 경우에는 머리와 수염을 같이 길게 길렀다. 여성도 앞가르마를 하고 양쪽머리는 고불거리게 늘어트리는 형태를 하고 뒤통수 아래의 네이프에 시뇽chignon 스타일로 묶었다. 모자를 자주 사용하지 않았

그림 8 로마시대의 헤어스타일

그림 9 로마의 콘스탄티누스 1세 황제

는데, 그 이유는 기후 조건상 불필요하기 때문이었다. 모자를 쓸 때는 팔라palla나 파리오룸을 입었으며 기독교의 영향으로 교회에 갈 때에는 베일을 사용하였다. 오르비스 스타일로 머리 장식으로는 스테판stephane, 디아뎀diadem을 이용했는데, 머리 형태와 장식을 통해 로마인의 미적 감각을 과시하는 수단으로 사용하였다. 상류층은 머리쓰개인 페터소스Petasus를, 평민은 필로스Pilos라는 원뿔형의 모자를 썼다.

## 2) 중세 헤어스타일

중세에는 기독교 문화가 문화와 생활 전반적인 모든 것을 지배하였기 때문에 기독교의 전성시대라고 말할 수 있으며 문화의 주도권이 그리스·로마에서 북유럽으로 이동하였다. 특히 육체를 미의 대상으로 보는 그리스·로마문화를 타락의 대상으로 간주하여 누드문화가 사라졌다.

비잔틴시대의 헤어스타일은 터번, 관장식을 중요시하였고 동방으로부터 영향을 많이 받았으며 초기에는 목덜미 길이의 앞머리와 단발머리로 단순한 형태를 이루었고 캡 모

그림 10 중세의 헤어스타일

그림 11 하기아 소피아 대성당의 벽화

그림 12 십자군의 콘스탄티노플 함락

**그림 13** 아서왕의 왕비 기네비어

**그림 14** 트리스탄과 이졸데

**그림 15** 프리지안 보닛

**그림 16** 에냉

양의 모자, 페터소스를 사용하였다. 4세기에는 터번과 큰 캡으로 구성된 특수한 머리 장식, 8세기에는 머리를 감싸는 형태, 9세기에는 원추형의 베일과 베일고정용 밴드를 사용하였으며 계급에 따라 다양한 밴드, 브로치, 관, 머리띠와 베일을 사용하였다. 10세기 상류층은 긴 머리, 길게 땋아 뒤로 늘어뜨린 머리, 보석으로 만든 머리띠와 빗 등을 사용하였다. 기독교 금욕주의의 영향으로 화장을 경시하였으나 약간의 볼터치는 허용하였다.

로마네스크시대의 헤어스타일은 남성의 경우 짧은 단발이 주를 이루고 후드와 케이프cape가 붙어 있는 의상을 입고 얼굴만 내놓는 것이 매우 유행하였으며 후드는 남녀 공용으로 널리 애용되었다. 여성은 자연스러운 가르마nature parting를 하고 브레이드 헤어 가발과 리본을 사용하였으며, 관 또는 베일을 쓰고 띠 모양의 천을 계급에 따라 달리 사용하였다. 12세기에는 머리를 위로 올린 다음 망을 썼고 바비즈와 필라, 윔플wimple, 고젯gorget, 샤포chapeau를 착용하였다. 십자군 전쟁 이후 여성들 사이에 화장에 대한 관심이 생겨났다.

고딕시대의 헤어스타일은 13세기 남성의 경우 머리를 중앙에서 나누어 가르마를 타고 컬을 만들어 어깨 길이까지 늘어 드렸고 그 위에 관 형태의 프리지안 보닛phrygian bonnet, 칼로트calotte, 토크toque를 쓰거나, 그 시대에 새로운 형태로 바뀐 샤프롱chaperon, 샤포 등을 썼다. 13세기 후반에는 리리피퓸liripipium 의상이나 긴 꼬리가 달린 후드, 라운드릿, 코이프coif를 착용하였다. 고딕시대가 본격적으로 발달되는 14세기부터 여성의 의상이 화려하고 복잡해지는데, 에냉hennin이라는 원뿔 형태의 모자를 착용한 것이 가장 특징적이다. 젊은 여성은 머리를 길게 길렀고 금발을 선호하였으며 올리브기름과 향수를 사용하였다.

## 3) 근세 헤어스타일

### (1) 15~16세기 르네상스시대

'인간과 자연의 재발견'이라고 표현되는 르네상스는 14세기 중반~15세기의 이탈리아에서 시작되었다. 이탈리아에서 르네상스가 시작된 사회적 배경을 살펴보면 귀족계급과 부유한 부르주아계급 사이의 구분이 없어졌으며, 서유럽의 다른 어떤 지역보다도 이탈리아에 고대 로마의 유적이 산재하는 등 고전시대와의 친밀감이 있었고, 상업도시라는 자부심과 사유재산제가 잘 발달되어 예술 분야에 대한 후원의 기회가 많았다.

레오나르도 다빈치의 초상화를 보면 그 시대의 최신 패션에 대한 최상의 정보를 얻을 수 있다. 남성의 헤어스타일은 초기에는 헨리 5세 스타일, 루이 2세의 스타일로 머리 길이가 짧았다. 루이 11세시대에는 점차 귀족층을 중심으로 긴 모발의 앞머리를 말아 컬이 있게 하거나 지지듯이 고불거리게 하고, 스트레이트의 경우에는 모발의 끝부분을 약간 안쪽으로 말든지 아니면 바깥쪽으로 말았다. 헤어스타일에 대한 선택의 자유가 있었고 패션 가발을 사용하였다. 모발색도 블리치, 블랙, 블론드 등이 유행했으며 붉은색은 기피했다.

초기에는 남성에게 수염을 기르는 것이 유행하지 않았는데 주로 나이가 많거나 고위 관직에 있는 사람이 기르기 시작하자 나이나 품위 또는 중요성의 상징이 되었다. 수염의 형태는 상당히 볼륨감이 있거나, 길거나 아니면 길면서 볼륨감이 있는 경향을 띠었다. 또 둥근 형태, 약간 뾰족한 형태, 갈라진 형태의 수염도 있었다. 16세기 후반에는 작고 조심스럽게 다듬어 왁스칠을 하거나 이국적이면서 이상한 형태의 수염이 나타났다. 컬이 있는 수염의 경우에는 얼굴 주위로 셀 수 없을 정도의 작은 컬을 만들었으며 직모일 경

그림 17 레오나르도 다빈치의 담비를 안고 있는 여인

그림 18 르네상스시대 초기(좌)와 후기(우)의 헤어스타일

그림 19 르네상스시대의 수염 형태

우에는 얼굴 주위를 작은 피스로 나누어 트위스트로 꼬았으며 턱받침에 의해서 무게가 지지되도록 하였다.

여성의 머리 형태는 결혼 전에는 길게 늘어트리다가 결혼 후에는 일반적으로 얼굴이 가려지는 스타일 위주로 두상을 자연스럽게 표현했으며 다양한 방법으로 블레이드를 연출하여 의도적으로 강조된 스타일을 하였다. 14세기에는 보통 가운데로 가르마를 타고 스트레이트이거나 약간 웨이브가 있는 스타일이었다.

이탈리아에서 유행한 스타일은 좀 더 강렬한 스타일로 후기에는 더욱 복잡해지고 더욱 고도로 장식을 하였다. 모발 자체는 간단하게 하고 헤드드레서가 머리를 장식하였다. 특히 이탈리아에서 탈색, 염색, 컬을 하기 위해 아이론을 이용하였으며 14세기 말에 가발을 프랑스로 수출할 정도로 가발을 많이 사용하였다.

## (2) 17세기 바로크시대

바로크시대에는 남성의 헤어도 가장 여성스럽고 풍성한 형태로 나타났는데, 초기에는 위스크칼라whisk collar로 목뒤로 올라오는 넓은 칼라로 장식했고 길이가 짧은 헤어스타일을 유지하였다. 1630년 이후 턱수염과 콧수염을 기르기 시작하였으나 17세기 전반에는 수염을 깨끗이 면도했다. 17세기 중반에 목 주위를 감싸는 플랫칼라lat collar를 이용하여 다양한 형태로 적용하였으며 후반에는 가늘게 땋은 머리에 리본을 사용하여 볼륨감을 살린 스타일이었다. 프랑스의 루이 13세는 가발을 사용하여 상류사회의 유행을 이끌었었는데 17세기 후반에는 가발이 매우 중후하고 거창한 형태로 변하였다. 1660년 이후의 페리위그peri wig는 앞머리를 뒤로 벗어 넘긴 형태, 구불거리는 모발이 어깨와 앞가슴으로 내리 덮이도록 긴 머리 형태를 한 가발을 말하고, 풀보텀위그full bottom wig는 매우 거대하

**그림 20** 바로크시대 남성의 플랫칼라

**그림 21** 바로크시대 여성의 헤어스타일

그림 22 영국의 찰스 1세

그림 23 프랑스의 루이 13세

그림 24 프랑스의 루이 14세

고 무거워 활동에 지장이 있을 정도의 가발로 1700년까지 상류층에서는 필수적으로 사용되었다.

17세기 초 여성에게는 목 주위에 주름을 잡은 대형 러프가 유행하였으며 부채형으로 세운 칼라를 높게 하고 보석으로 장식하였다. 여성의 헤어스타일은 1620년에는 플랫칼라에 헤어를 어깨 위로 자연스럽게 컬을 하여 내려뜨리고, 1650년에는 양옆으로 머리를 볼록하게 하거나 타래머리를 사용한 컬과 볼륨감 있는 형태가 유행하였으며, 1670년에는 컬이 잘된 머리 전체를 화려하고 커다랗게 부풀린 형태가 인기를 끌었다.

## (3) 18세기 로코코시대

로코코시대에는 헤어스타일이 극에서 극에 이르는 가장 흥미로운 시기이다. 과장되고 부조화한 헤어스타일을 뜻하는 루이 16세시대의 '마리 앙투아네트' 헤어와 프랑스 혁명 이후 역사적으로 최초의 쇼트커트 발족 티투스 스타일을 들 수 있다. 피그테일 위그pigtail wig는 중국을 통해 전 유럽에 전파된 군인의 머리 형태로 머리 높이를 낮게 하고 뒤에서 한 묶음으로 묶거나 땋아 리본을 매거나 클라보를 사용하고 꼬리에 나비묶음을 하였다. 후에 남성의 카도간 스타일cadogan style로 발전하여 다양한 형태의 위그가 등장하였다. 또한 18세기 중엽에는 미르리튼형 스타일로 앞머리의 모발에 작은 컬을 나란히 해서 이마에서 마치 아웃라인처럼 내려뜨렸으며 뒷머리는 어깨에 자유롭게 내렸다.

퐁파두르 부인은 루이 15세의 애인으로 이마의 앞머리 전체를 높게 추켜올린 퐁파두르 스타일을 유행시켰고, 1765년 이후 마리 앙투아네트 왕비는 머리 형태가 점차 높고 거대해졌으며 그 위에 장식을 높게 쌓아 로코코의 여왕이라고 불리게 되었다. 예술적이

그림 25  프랑스의 마리 앙투아네트 왕비

그림 26  프랑스의 퐁파두르 부인

그림 27  로코코시대 여성의 머리 장식

그림 28  로코코시대 남성의 헤어스타일

고 환상적인 것을 극대화하고 땋은 가발이 많이 사용하여 퐁파두르 스타일을 더욱 화려하게 추켜올려 보석과 깃털로 장식하고 네이프에도 머리가닥이 흘러내리듯이 연출하였다. 또한 뒤바리 부인의 머리 형태도 유행하였고 이후 1770년대 머리 형태는 아방가르드 스타일로 더욱 높게 치솟아 더욱 기발한 스타일을 연출하였다.

### 4) 1801~1900년 근대 헤어스타일

19세기 초에는 프랑스 혁명의 영향으로 인해 사람들의 생활상이 검소해졌으며 근대 사

그림 29 엠파이어시대의 헤어스타일

그림 30 프랑스의 조세핀 황후

회에서는 왕이나 귀족 등의 상류층이 중심이었던 복식이나 생활문화가 차츰 시민적인 헤어와 복식문화로 자리를 잡아가는 시기였다.

### (1) 1800~1820년 엠파이어시대

1799~1814년 나폴레옹 1세시대에는 고전주의 양식이 특징으로, 특히 남성은 비버해트beaver hat나 바이콘bicorn 등의 관이 높은 검은색이나 회색 모자를 착용했고 나폴레옹 1세의 대관식 이후 점차 낮아지고 간단해졌다. 여성은 구불거리는 컬을 부분적으로 늘어뜨리고 머리를 뒤쪽으로 높게 추켜올려 빗은 다음 리본으로 묶는 고대 그리스시대의 스타일이 유행하였다. 또한 가발을 사용하였으며 염색이나 머리분을 사용하였는데 핑크색이 가장 유행하였고 회색, 청색, 보라색도 사용되었다. 포크보닛poke bonnet 모자의 크기가 작아졌다.

### (2) 1820~1850년 로맨틱시대 헤어스타일

머리 형태와 머리 장식에 나타난 낭만주의의 로맨틱하고 고대풍의 양식을 말하는 것으로 남성의 실크해트silk hat는 크라운의 높이가 굴뚝처럼 좁으며 챙의 넓이는 변하지 않았다. 여성의 헤어는 양옆이나 뒤에 가발을 붙여 크게 결발을 하였고, 가르마를 타서 양쪽 옆머리가 관자놀이로부터 볼로 둥근 컬이 구불거리게 내려와서 양쪽 귀를 덮는 아폴로 노트 헤어스타일과 소시지컬 스타일sausage curl style이 있었으며 포크보닛을 썼다.

그림 31 영국의 빅토리아 여왕

그림 32 로맨틱시대 헤어스타일과 포크보닛

### (3) 1850~1870년 크리놀린시대

남성은 머리카락이 뒷목에 닿지 않을 정도 짧게 자르고 콧수염과 볼수염을 길렀으며 특히, 나폴레옹 3세의 수염은 아래 입술 밑에 수염을 조금 기른 형태였고 중절모 실크해트, 밀짚모자를 즐겨 썼다. 또한 여성은 컬이 있는 머리를 자연스럽게 늘어뜨렸으며 비단, 벨벳, 리본, 레이스, 깃털 등으로 캡을 쓰고 외출 시에는 작은 모자나 보닛을 했다. 1860년 외제니 황후의 붉은 머리, 돌돌 말은 컬을 늘어뜨린 헤어스타일이 유행하였다.

그림 33 오스트리아의 엘리자벳 황후

그림 34 프랑스의 외제니 황후

그림 35 버슬시대의 헤어스타일

그림 36 버슬시대의 머리 장식

## (4) 1870~1890년 버슬시대

남성의 머리 길이는 더욱 짧아지고 콧수염과 턱수염을 기르는 것이 일반적인 경향이 되었으며 카이제르 수염이 유명했다. 실크해트 중절모는 일상복에, 밀짚모자는 스포츠용으로 사용되었다. 특히 여성도 머리 형태와 머리 장식이 더욱 정교해지고 퐁파두르형 이마에 작은 컬을 한 다음 컬을 한 머리를 뒤 어깨에 늘어뜨리거나 굵게 땋아 시뇽을 하거나 머리 위로 높게 올렸다. 모자는 챙이 넓지 않은 작은 펠트모자나 밀짚모자를 앞이나 쪽으로 기울게 쓰고 화려하게 장식하였으나 1880년에는 보닛의 크기가 작아지고 장식도 줄어들었다.

## (5) 1890~1910년 S자형시대

S자형S-Letter시대에는 의상과 조화를 이룬 헤어스타일이 단순해졌다. 가정용 레이스나 벨벳의 작은 캡이 없어지고 보닛도 점차 사라졌으며 모자는 실용적인 것으로 변하였는데, 특히 맥고모자가 유행하였다.

그림 37 1890년 맥고모자

## 5) 펌의 유래와 현대 헤어스타일

### (1) 현대적인 펌의 유래

고대 이집트시대에는 원시적인 컬의 형태를 만들었으며 그리스·로마시대에도 물과 수소, 산소를 이용하여 단백질의 변성에 의해 불에 데운 철 막대로 웨이브를 만들었다. 이와 같은 펌 기법이 오랫동안 지속되다가 19세기경에는 석유램프로 열을 가하여 모발에 웨이브를 만들게 되었다. 그러나 오늘날과 같은 펌이 실용화된 것은 20세기부터이다.

① **1875년대** 프랑스의 마르셀 그라토Marcel Grateau가 아이론을 이용하여 웨이브를 만들었는데, 이는 일시적으로 형성되는 웨이브가 완성된 시기로 머리를 감거나 수증기를 접촉하면 웨이브가 오래 유지되지 않는 결점이 있었다.

② **1905년대** 영국 런던 사교계의 유명한 미용사였던 찰스 네슬러Charles Nessler가 웨이브를 장기간 형성, 유지시킬 수 있는 방법을 찾던 중 우연히 붕사와 같은 알칼리제가 모발에 화학반응을 일으켜 펌을 영구히 지속시키는 데 효과가 있다는 것을 발견하였다. 알칼리성의 수용액으로 적신 모발을 막대에 감고, 이것에 열105~110℃을 가하여 펌을 형성하였는데, 이것이 알칼리와 열을 이용한 히트 웨이브heat wave로 두피에 말기 시작하여 모발 끝을 말아가는 스파이럴 와인딩spiral winding 방법으로 긴 머리에만 시술이 가능하였다.

③ **1925년대** 조셉 메이어Joseph Mayer에 의해 1925년 모발 끝에서 두피로 말아 들어가는 크로키놀 와인딩croquignole winding이 고안되면서 짧은 머리에도 펌을 시술할 수 있게 되었다. 이후 네슬러가 사용한 펌 약품과 기구에 대한 연구가 많아져 1920년대부터 펌이 급격히 유행하였다. 1930년대에는 전기를 사용하지 않고 약품의 화학반응에 의해서 얻는 반응열을 이용한 머신리스 펌machinless permanent wave이 고안되어 위험한 가열 기구를 사용하지 않아도 되므로 펌이 널리 보급되었다.

④ **1936년대** 열을 가하지 않고 펌을 형성시킬 수 있는 약품이 계속적으로 개발되었는데, 1936년 영국의 리드대학 교수인 스피크먼J. B. Speakman가 아황산수소나트륨을 이용하여 실온 40° 정도의 온도에서 펌이 형성되는 것을 발견하였다. 과거 웨이브를 얻기 위해 105~110°C 정도의 높은 온도를 사용했던 것에 비해 낮은 온도로 펌을 얻을 수 있다는 의미에서 'cold'라는 명칭을 붙여 콜드펌cold permanent wave이라고 하였다.

그 후 케라틴keratin의 화학구조가 밝혀지면서 시스틴cystine결합을 절단하는 연구가 계속되었고, 고구르라는 학자가 처음으로 치오글리콜산thioglycolic acid과 케라틴의 화학반응을 학계에 발표하였다.

⑤ **1941년대** 미국인 맥도우McDonough 등이 치오글리콜산을 주원료로 한 콜드펌제를 제조하였고, 많은 연구자들이 실온에서 모발의 시스틴결합을 절단할 수 있는 약품에 대해 연구를 계속하였다. 1947년 미국의 FDA식품의약국이 치오글리콜산의 제조방법이 비교적 간단하면서 보건위생상 무해하고, 냄새가 적으며 효과적인 웨이브를 얻는 데 적당하다고 인증을 하였다.

⑥ **1950년대** 이후부터는 완전히 콜드펌제가 대중화되어 현재에 이르고 있다.

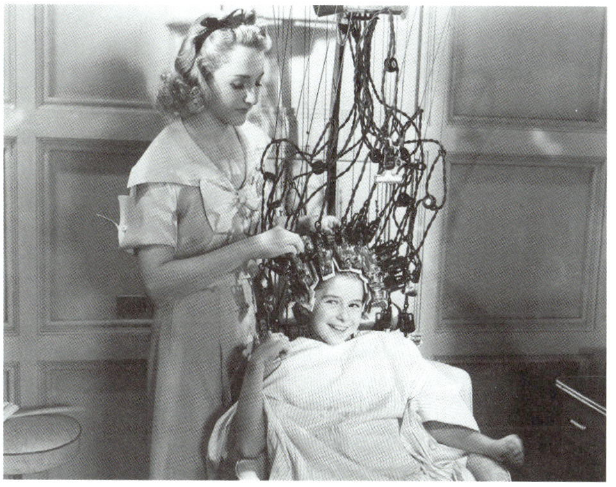

그림 38 현대적인 펌

## (2) 현대 헤어스타일

① **1900년대** 당시 승마, 골프, 사냥 등 스포츠 문화가 큰 인기를 끌자 여성 스포츠웨어로 소매가 슬림한 형태에, 인체의 곡선을 나타내면서 상대적으로 가슴이 커보이게 하는 의상이 유행하였다. 헤어도 머리를 부풀린 퐁파두르 스타일이 유행하였는데, 앞머리는 이마 위로 빗어 올리고 뒤머리는 틀어 올려 높이 고정시켰으며 장식이 있는 모자를 선호하였다.

② **1910년대** 퐁파두르 스타일은 계속 유행하였는데, 긴 모발을 헤어밴드로 묶는 형

그림 39 퐁파두르 스타일

그림 40 1900년대의 헤어스타일

**그림 41** 1910년대의 헤어스타일

**그림 42** 1910년대의 자연스러운 웨이브

태나 챙이 넓지 않은 밀짚모자에 리본, 깃털, 꼭 등으로 장식하여 모양을 낸 형태가 인기를 끌었으며 가슴을 많이 노출시키는 의상을 즐겨 입었다. 또한 보이시한 보브 헤어스타일이 유행하였으며 사랑스러우면서도 세련미가 있고 자연스러운 웨이브가 인기를 끌기 시작하였다.

**③ 1920년대** 제1차 세계대전이 끝나면서 여성들의 사회 참여는 더더욱 많아졌고 사회적으로는 여성해방운동과 남녀 평등운동이 일어나 머리를 짧게 자르는 여성들이 늘면서 손질이 편한 단발머리 형태와 모자가 유행하였다.

**그림 43** 1920년대의 단발머리 스타일

**그림 44** 1920년대의 헤어숍

그림 45 1930년대 여성의 헤어스타일

그림 46 1930년대 남성의 헤어스타일

**④ 1930년대** 1929년 뉴욕의 주가 폭락이 일어나 1930년대에는 세계 경제공황으로 인한 대규모 노동운동이 일어나면서 여성노동자를 가정으로 돌려보내자는 운동이 있었다. 여성에게 종래의 전통적이며 우아한 아름다움을 요구하는 시대적 분위기가 반영되면서 어깨 길이까지 정돈된 헤어스타일이 유행하였으며 점차적으로 긴 머리가 선호되었다.

본격적으로 펌permanent wave이 있는 헤어스타일이 유행하였다. 머리를 밝게 금발로 염색한 것이 유행하였으며 목덜미 쪽으로 컬이 들어간 머리가 10년 동안 인기를 끌었다. 모자는 편평하고 챙brim이 있는 것으로 한쪽 귀와 눈이 가려질 정도로 비스듬히 기울여 썼다.

남성의 머리 길이는 아직 짧았고 많은 남성들이 머릿기름을 바르지 않은 자연스러운 스타일을 추구하였으며 후기로 갈수록 약간 더 길고 웨이브가 있는 헤어스타일을 선호하기 시작하였다. 대부분 남성은 중절모를 착용하였으며 디자인의 변화가 거의 없었다.

**⑤ 1940년대** 제2차 세계대전이 일어난 시기로 미국이 일시적으로 세계 패션의 중심지로 부상하였다. 또한 헤어스타일도 당시의 머리 꼭대기에 있는 쪽진 머리를 안쪽으로 부드럽게 빗어 넘기고 한쪽으로 빗어 말아 올렸으며 1930년대와는 달리 우아하고 성숙한 느낌이 드는 컬이 더욱 유행하였다.

**⑥ 1950년대** 사회적으로 초강대국 미국과 소련의 이념 대립, 인간의 달 착륙, TV 보급, 영화산업의 발달 등의 굵직한 사건이 많았던 시기로, 패션과 헤어스타일 분야에서는 연예인의 영향을 크게 받고 그것들이 대중화가 되었다. 당시 대표적인 영화배우인 오드리 헵번, 리타 헤이워스, 수잔 헤이워드 등의 헤어스타일이 큰 인기를 얻었다. 당시 컬을 말아서 머리에 얹고 망을 씌운 스타일, 바깥말음, 안말음, 포니테일 등 여성의 우아함을

**그림 47** 1940년대 여성의 헤어스타일

**그림 48** 1940년대 남녀의 헤어스타일

**그림 49** 1950년대의 헤어스타일

**그림 50** 1950년대의 드라이

**그림 51** 1960년대 헤어밴드를 이용한 헤어스타일

**그림 52** 1960년대의 헤어스타일

돋보이게 한 스타일이 유행하였고 남성들은 영화배우 제임스 딘 등의 패션과 헤어를 따라하였다.

⑦ **1960년대** 개성이 넘치는 패션과 헤어스타일이 나오기 시작하였으며 전체적으로 굵은 웨이브로 자연스럽게 복고풍 머리가 한껏 부풀려져 있는 컬을 연출하는 헤어스타일이 유행하였다. 헤어밴드를 사용하여 더욱 여성스러움을 표현하였다.

⑧ **1970년대** 세계 경제의 불황이나 냉전 분위기가 서서히 가라앉기 시작하여 젊은 이들은 독자적 라이프스타일을 지향하였다. 개성적인 여성들이 전문직 등으로 활발히 사회 진출을 하였고 헤어스타일은 풍성한 펑크스타일, 볼륨을 과도하게 주는 스타일, 바깥말음 스타일, 바가지머리, 자연스러운 웨이브, 히피스타일 등으로 다양해졌다.

⑨ **1980년대** 컬러 TV의 보급으로 화려한 헤어 컬러가 유행하고 다양한 웨이브가 크

**그림 53** 1970년대 여성의 헤어스타일

**그림 54** 1970년대 남성의 헤어스타일

**그림 55** 1980년대의 헤어스타일

**그림 56** 1980년대의 자연스러운 웨이브

게 인기를 끌었으며 영국의 다이애나 왕비의 자연스러운 바람머리 스타일이 대표적이다. 1980년대에는 대표적인 세계적인 팝스타인 마돈나와 마이클 잭슨의 영향으로 자유분방한 헤어스타일이 인기를 끌었고 반사회운동의 영향으로 펑크가 전 세계적으로 유행하기 시작했다.

⑩ 1990년대 　패션과 컬러의 하모니를 이루어 개성을 추구하는 풍조가 정착되면서 라이프스타일에 따라 자신의 개성을 한껏 부각시키는 다양한 헤어스타일이 유행하였다.

⑪ 2000년대 　한 세기가 바뀐 후 인터넷 문화의 발달로 인해 전 세계의 패션 및 헤어트렌드가 동일하게 다양화, 개성화되고 있다.

그림 57 1990년대의 헤어스타일

그림 58 1990년대 개성적인 헤어스타일

그림 59 2000년대의 웨이브

그림 60 2000년대의 하이테크적인 헤어스타일

## 2. 우리나라 헤어스타일의 역사

### 1) 1900년대

서양 문물이 들어오기 전의 조선시대에는 전통적으로 한복패션을 유지하였으며 고종황제의 단발령을 계기로 남성이 먼저 짧은 머리 형태와 양복차림으로 변하면서 일부 지도층의 부인들도 양장을 입기 시작하였다.

그림 61 조선시대 남녀의 의상

### 2) 1910년대

엘리트 중심으로 남성은 짧은 머리 길이에 가르마를 타고 남성의 품위를 표현하기 위해 넥타이핀, 모자, 액세서리 등이 대체적으로 화려하고 사치스러운 양상을 보였다.

그림 62 조선시대 여성의 헤어스타일

### 3) 1920년대

일본, 미국 등지의 유학생들이 귀국하면서 서양의 멋진 양복을 선보이고, 구두, 중절모 등을 갖춘 도시 남성의 스타일은 더욱 화려해졌으며 여성도 구두와 핸드백으로 치장한 '양장미인'이 각광을 받았다. 이 당시 여학생은 뒤로 땋거나 묶고 세팅을 말은 머리 형태를 많이 하였고 일부 신여성은 단발머리 스타일을 하였다.

그림 63 1910년대 남성의 정장 스타일

그림 64 무용가 최승희의 단발머리 스타일

그림 65 1930년대 헤어스타일

### 4) 1930년대

이 시대에는 국민복이라고 말할 만한 스타일의 양복이 등장하였고 하이컬러 스타일이 대중화되면서 전통 스타일은 서울이나 수도권에서는 거의 사라졌으나 지방에서는 계속 되었다. 1930년대 헤어스타일은 가르마를 하고 전체적으로 곱게 빗어 포마드를 바른 깔끔한 올백 머리가 중장년층에 유행하였다. 또한 남성은 중절모, 맥고모자 등을 계속 착용하였다. 젊은 학생은 삭발에 가깝게 머리를 잘랐고 여성도 단발머리가 증가하였다.

### 5) 1940년대

1945년 8·15광복 이후 일제 말기에 금지령을 내렸던 펌이 다시 유행하여 일반 여성들도 펌이나 세팅 또는 아이론으로 웨이브를 만들어 멋을 부렸다. 유행의 선도자인 영화배우, 전문직에 종사하는 여인들 사이에는 링고머리가 유행하였는데, 이 머리 형태는 이마의 앞머리를 짧게 잘라 위로 향하도록 둥글게 말아서 붙인 것으로 머리 위부분에 웨이브가 있어 한복과 양장에 모두 어울렸기 때문에 일제 강점기부터 광복 후까지 지속적으로 유행하였다. 광복 이후의 펌은 주로 전기 펌이었으나 북한의 화력발전소에서 전력공급을 중단하여 문제가 발생하자 불펌을 개발하여 시행하였다.

미용업을 하는 여성의 권익 보호와 친목을 위해 미용조합연합회가 구성되었으며 1948년에는 서울시 위생과의 관리 하에 미용사자격시험이 제정되었다. 그 이후부터 오늘날에 이르기까지 미용사 합격증이 있어야만 미용실을 개설할 수 있다.

### 6) 1950년대

한국전쟁 이후 유엔군이 주둔하게 되자 헤어와 패션 분야는 크게 변화되었으며 서양의 잡지, 영화가 유입되는 등 서양 문물이 여러 경로를 통해 유입되어 서양 패션을 일반 여성도 쉽게 접할 수 있게 되었다. 특히 서양 영화에서 등장하는 배우들의 의상, 헤어스타일, 화장 등의 패션 분야가 유행에 많은 영향을 끼치게 되었다. 서양 영화배우에 의해 우리나라 여성의 헤어스타일이 다양하게 변화되고 새로운 유행을 일으켰다. 뒷머리가 짧은 오드리 헵번Audrey Hepburn의 짧은 쇼트 스타일, 수잔 헤이워드Susan Hayward와 리타 헤어워스Rita Hayworth의 웨이브가 있는 길이가 긴 헤어스타일이 많이 모방되었다. 여성들은 아이론을 이용한 단발머리의 안말음in curve과 바깥말음out curl을 선호하였다.

헤어스타일은 점점 더 다양화되었다. 덕테일duck tail도 동양적인 실루엣이라는 이유로 환영받았는데, 이것은 옆머리를 위로 추켜올리며 뒤쪽 중앙이 오리 꼬리 모양이 된다. 1955년에는 말꼬리 모양의 머리인 포니테일pony tail 스타일의 긴 머리가 젊은 층에서 유행하였으며 1956년에는 S형의 웨이브를 만들어 귀를 덮고 볼륨을 주는 로맨스 스타일romance style이 인기가 있었다. 그밖에 보이 스타일, 백조라인swan line 등 다양한 헤어스타일이 등장하였다. 1950년대에는 미용실이 증가하였으며 펌을 하거나 고데기로 생머리에 굵은 웨이브를 주어 손질하는 등의 머리 형태가 일반화되었다.

1950년대의 헤어스타일을 전반적으로 살펴보면 광복 이후에는 젊은 여성들 사이에서 어깨 정도 길이의 긴 머리가 유행했으나 1950년대 후반이 될수록 점차 짧은 머리 길이의 여성들이 늘어났다. 또한 한복이나 양장에는 올림머리를 주로 하였다.

## 7) 1960년대

커트 기술이 가장 많이 발달한 시기로 웨이브 형태도 다양하게 유행하였으며 1960년대 후반에는 가수 윤복희의 대표적인 머리 형태로 알려져 있는 상고단발, 즉 뒷부분을 둥글게 단차를 둔 헤어스타일이 유행하였다. 또한 고전적인 모습의 올림머리와 고데기를 사용하여 머리의 형태를 살린 다음 장식적인 컬을 만들기도 하였다.

우리나라에서는 단발머리 형태이지만 바가지를 올려놓은 모양과 같은 헤어스타일, 정수리를 부풀리는데 중점을 두는 백조라인 스타일, 바깥말음 스타일, 안말음 스타일, 불펌과 보브 스타일이 유행하고 일부에서는 가발 붐이 일어나기 시작했으며 얼굴형과 옷차림이 어울리도록 구색을 맞추었다. 여성도 남성처럼 아주 짧은 길이의 헤어스타일이 많았다.

## 8) 1970년대

1970년대 초반에는 정치와 사회, 문화, 경제 전반에서 유신체제가 영향을 미친 시기라고 볼 수 있으며 사회 분위기에 의해 제약을 받음에도 불구하고 헤어스타일은 커트의 붐이 절정을 이루던 시기이자 내추럴 경향에 따라 여성은 진정한 개성화를 추구하게 되었다. 따라서 여성의 얼굴형에 어울리는 커트와 펌 스타일이 유행하게 되었다. 이 시기에 유행한 섀기 커트shaggy cut는 일명 '거지 커트'라고 부르기도 했는데, 거칠다는 원래의 말뜻과는 달리 헤어디자인이 아주 섬세하여 어느 부분을 들추더라도 직선적이며 머리끝이 가지런한 것이 특징이다. 여성들이 사회 진출이 늘어나면서 펌 스타일도 보디펌이 유행하였는데, 이는 자연스러운 웨이브와 간편한 손질이 특징이다.

1970년대 중반부터 비달사순의 기법이 우리나라에 도입되면서 긴 머리를 그냥 자르는 개념보다는 모발을 각도에 따라 나누어 자르는 다양한 짧은 커트가 등장하기 시작하였다. 또한 머시룸mushroom, 즉 버섯 모양의 헤어스타일이 유행되었다. 형태의 기능성과 여성다움을 잃지 않아 미적 측면을 동시에 만족시켜 주어 오랜 시간동안 여성들이 즐겨했던 스타일이다.

## 9) 1980년대

1980년대에는 생활수준이 안정적으로 향상되어 다양화, 개성화가 되었고 중성적인 헤어스타일이 유행하여 펑크헤어, 디스코머리가 유행하였다. 또한 갖가지 패션의 흐름 속에서 헤어스타일이 중시되기 시작하였다. 커트와 펌의 디자인이 다양해졌으며 단정하고 딱딱한 헤어스타일에서 자연스럽고 부드러운 펌 스타일이 유행하였다.

1980년대 중반에는 미용기구들이 다양해지고 가위와 바리캉으로 자른 부조화 디자인이 유행하면서 헤어디자인에 바리캉이 본격적으로 사용되었다. 이 시기에는 자연스럽게 물결치는 웨이브가 특징인 2단계 보브 스타일상고 스타일이 유행하였으며, 이 스타일은 1983년 파리에서부터 유행하기 시작하여 한국에서도 인기를 끌었다.

1980년대 컬러 TV의 보급으로 인해 화려한 의상과 염색이 필수 아이템으로 인기를 끌고 유행하는 펌의 디자인이 다양해졌다. 서울올림픽 이후 유행에 민감한 젊은 층에서는 긴 길이의 펌 스타일과 스트레이트가 함께 유행하였고 머리핀과 리본 등의 헤어 패션이 등장하기 시작하였으나 나이가 많은 여성층에서는 굵은 펌 스타일이 일반적이었다. 헤어스프레이와 무스로 풍성한 헤어스타일링을 연출하였다.

## 10) 1990년대

1990년대는 각자의 개성을 추구하는 풍조가 정착되면서 한 가지 스타일을 하는 획일화에서 벗어나 각자의 라이프스타일에 따른 헤어스타일이 정착되는 시기이다. 1990년대 초에는 1960년대의 복고풍으로 돌아가 크라운 부위에 부드럽게 볼륨감을 살리면서 현대 감각에 맞게 재창조된 자연스러운 스타일이 유행하였다.

1991년 미용회보지에 소개된 헤어스타일 유행 경향을 보면 커트의 형태가 기존의 숱치는 가위를 사용했을 때와는 달리 주로 레이저razor를 사용하여 위쪽은 약간의 볼륨이 생기고 아래쪽은 자연스럽게 좁아지는 특징이 있음을 알 수 있다. 또한 펌 스타일이 여전히 자연스러운 웨이브의 흐름을 추구하고 있으며 아이론이나 세팅은 외면당하였다.

1990년대 중반부터 일기 시작한 복고 바람으로 인해 세팅이나 아이론이 다시 등장하였으나 각자의 취향에 따라 다양한 헤어스타일이 선택되었다. 고정관념에서 벗어나 가벼운 스타일을 하여 변화를 많이 줄 수 있고 다양한 연출이 가능한 스타일, 무스나 젤을 이용하여 간단하게 손으로 웨이브나 컬을 살릴 수 있는 헤어스타일이 유행하였다.

### 11) 2000년대

2000년대에는 한 세기가 바뀌는 시대로 초반에는 미용 전반 분야에서 변화가 많이 생겼다. 초반에는 밝은 컬러가 유행하였고 웨이브가 풍성한 스타일과 매직 스트레이트가 선풍적인 인기를 끌었다. 또한 기술의 발달로 다양한 열펌 기구가 각광을 받았으며 열펌이 큰 인기를 차지하였다.

중반에는 모발이 가벼워지는 섀기 커트가 유행하였고 커트에 흐름에 따라 자연스러운 웨이브를 연출하였으며 컬러도 밝은 컬러에서 짙은 컬러로 유행이 변해 블랙헤나, 오징어 먹물 등 어두운 컬러가 인기를 끌었다. 커트도 보브 헤어스타일의 자연스러운 웨이브가 유행하였다. 후반에 들어와서 컬러가 밝아지고 무거운 느낌의 언밸런스 웨이브와 풍성하고 가벼운 웨이브가 선호되었다.

종합적으로 2000년대는 다양한 개성이 넘치는 헤어스타일의 시대라고 볼 수 있으며, 특히 남성들의 외모 관심 분야가 넓어져 커트뿐만 아니라 자연스러운 펌 스타일 및 컬러에도 관심을 가지게 되었다.

### 12) 2010년대

2010년대 여성 헤어스타일은 긴 단발머리 형태에 자연스럽게 물결처럼 흐르는 굵은 웨이브 형태가 유행하였다. 또한 짧은 단발머리 형태에서 모발이 앞으로 뻗치는 형태의 스타일이 인기를 끌었으며 복고풍인 아웃 컬 형태도 크게 유행하였다.

남성의 펌도 다양해졌으며 자연스러운 웨이브가 유행하였고 앞머리를 올리는 형태의 깔끔한 스타일, 그리고 투블록펌도 각광을 받았으며 뜨는 옆머리를 붙이는 다운펌도 유행하였다.

아이돌스타와 걸그룹으로 대표되는 K-Pop 열풍에 힘입어 스타 따라잡기 등의 연예인 스타일이 인기를 끌고 있는데, 다양한 커트 스타일과 펌, 웨이브, 컬러 등을 선호하고 있다. 또한 여배우들을 중심으로 층이 없는 블런트 커트 단발과 중간 길이의 단발, 긴 단발머리를 물결펌을 한 물결 웨이브가 선풍적인 인기를 누리고 있으며 헤어 컬러도 아주 어두운 갈색, 블랙에서 라이트 브라운, 레드브라운, 밝은 갈색 등 다양한 컬러가 유행하고 있다. 헤어 컬러는 전반적으로 밝은 색조로 변하고 있다.

Chapter 3

# 펌의 원리



FUN FUN Basic Perm

# Chapter 3 펌의 원리

## 1. 펌의 개요

펌perm은 퍼머넌트웨이브permanent wave와 같은 말로 모발에 물리적·화학적 방법을 가하면 본래의 헤어 구조와 성질이 단백질 변형을 통해 오래 지속되는 웨이브가 만들어진다. 즉 직모 모질의 웨이브를 화학적으로 변화시켜 풍성하면서 부드럽게 하거나 웨이브 모질을 스트레이트로 찰랑거리게 하여 얼굴의 이미지를 변화시키는 것이다.

펌의 웨이브 형성 원리에 대한 이론을 습득하고 적용할 때 모발의 손상을 줄일 수 있을 뿐만 아니라 시술 후 아름답고 건강한 머릿결을 유지시켜주므로 고객에게 신뢰와 만족감을 줄 수 있다.

### 1) 펌의 목적

첫째, 헤어스타일을 원하는 스타일로 바꾸고 모발에 웨이브를 주기 위함이다.

둘째, 얼굴형과 이미지를 보완하기 위함이다.

셋째, 모발의 재질을 변화시키고 볼륨을 주며 커트한 후 헤어스타일을 손질하기 좋게 하기 위함이다.

### 2) 펌의 3요소

첫째, 모질이며 사람에 따라 모발은 모질, 모류, 모량 등의 개인차가 있고 이러한 모질을 파악하는 것은 기본으로 매우 중요하다.

둘째, 펌제의 선택이며 모질에 따른 화학반응이 다르기 때문에 PH로 알칼리도에 따라 구별하여 건강모용, 염색모용, 손상모용 펌perm약제를 선택하는 것이다.

셋째, 와인딩 테크닉에 따라 웨이브 형성이 다르게 연출된다.

## 2. 펌제의 화학적 작용원리

### 1) 환원 및 산화

펌 웨이브를 형성하는 과정은 화학적인 원리로 모발의 측쇄결합 중 가장 강한 결합인 시스틴결합의 절단 과정을 환원이라고 하며 다시 재결합으로 형성하는 과정을 산화라고 한다. 즉 펌 1제의 작용은 환원작용이고 2제의 작용은 산화작용이다.

| 1제 $\alpha$ 케라틴 → $\beta$ 케라틴 | | 2제(산화제) $\beta$ 케라틴 → $\alpha$ 케라틴 |
|---|---|---|
| $2HSCH_2COOH$ | | $O_2$(공기 중 산소) |
| ↓ | | ↓ $H_2O$ 물 |
| S – S → HS – HS | → | S – S |

#### (1) 환원 1제

모발은 $\alpha$케라틴이 $\beta$케라틴으로 변형되면서 모발 내의 시스틴결합인 S-S결합이 부분적으로 절단되고 수소원자와 각각 결합하여 2개의 분자 시스테인 -HS, SH-결합으로 만들어진다.

| $\alpha$ 케라틴 | | $\beta$ 케라틴 |
|---|---|---|
| \| S – S \| | → | \| – HS, SH – \| |

1제는 환원제로서 치오글리콜산thioglycolic acid과 암모늄이 주원료인 알칼리성을 띤 제품으로 알칼리성분에 의해 모발을 팽윤·연화시키고 치오글리콜산 또는 시스테인은 환원 작용하여 2개의 시스테인으로 절단되며 디치오글리콜산dithioglycolic acid 또는 시스틴cystine으로 결합한다.

1제(환원제)

↓ 수소(H) 공급

α 케라틴 → β 케라틴

| − S − S − | + $2HSCH_2COOH$ → | − SH HS − | + S − $CH_2COOH$

모발 속의 시스틴결합 / 1제 속에 치오글리콜산 / 시스테인 (모발 속의 시스틴이 치오글리콜산의 H와 화합하여 시스테인이 됨)

S − $CH_2COOH$ − ① 환원작용

디치오글리콜산

① 물질이 산소 O를 잃는다.

② 물질이 수소 H와 화합한다.

③ 원자나 이온이 전자를 얻는다.

## (2) 산화 2제

모발은 1제에 의해 시스테인은 불안정한 상태로 전달되어 β케라틴상태에서 α케라틴으로 되돌아가 시스틴결합인 S-S결합을 한다.

β 케라틴 → α 케라틴

| − HS, SH − | → | S − S |

2제는 산화제로서 환원제1제에 의해서 환원되어 절단된 시스틴결합을 산화시켜 재결합시키는 작용을 한다. 즉 산화는 산소를 공급해줘서 수소를 빼내는 반응으로 과산화수소 또는 취소산나트륨이 산화작용에 의해 2개 시스테인 -SH의 수소가 물이 되어 없어지면서 다시 시스틴결합이 된다.

O 역할 중요

↑

| − SH HS − | + $H_2O_2$ ($NaBrO_3$) → | − S − S − | + $H_2O$ ② 산화작용

시스테인 (1제 중의 치오글리콜산에서 환원된 시스테인) / 2제 속에 과산화수소 (취소산나트륨) / 시스틴 (시스테인이 취소산나트륨산에 의한 또는 과산화수소의 산소와 화합해서 시스틴이 됨)

① 물질이 수소 H를 잃는다.

② 물질이 산소 O와 화합한다.

③ 원자나 이온에서 전자를 잃는다.

# 3. 펌제의 화학적 결합

모발 내에는 많은 화학적 결합chemical bonds, linkages이 존재하고 이들은 모발의 물리적·화학적 특성을 나타내고 있으며 중요한 결합에는 4가지가 있다. 가로결합은 황결합sulphur bond, disulfide bond 또는 시스틴결합cystine bond, 이온결합ionic bond 또는 염결합salt bond, 수소결합hydrogen bond이 있으며 매우 중요하다. 세로결합은 펩티드결합peptide bond이다.

## 1) 펩티드결합

모발의 세루결합은 아미노산과 아미노산 사이의 화학적 결합으로 펩티드결합peptide bond이라고 한다. 이는 한 개의 아미노산의 아미노기와 다른 아미노산의 카르복실기 사이에서 $H_2O$이 빠져나오면서 이루어진 화학적 결합으로 3개 이상의 아미노산들이 길게 늘어서 고리 모양으로 결합하고 있는 것을 폴리펩티드사슬poly-peptide chain이라고 한다.

염색, 탈색 시술 및 펌 시술에서 사용되는 과산화수소나 알칼리는 고온으로 펩티드결합을 파괴시켜 모발 결합들 중에서 가장 강력한 결합임에도 불구하고 폴리펩티드사슬 안에 수소의 펩티드결합이 파괴되면 모발의 손상이 진행된다.

## 2) 횡결합

황결합disulfide bond, cystine bond은 단일결합에서 가장 강력한 결합력을 지니고 있으나 특정한 화학물질에 의해 결합이 파괴되기도 하는데, 이 특성을 이용한 것이 펌permanent wave 시술이다. 이것은 측쇄결합들 중에서 가장 강력한 결합으로 아미노산의 잔기 중에 황을 가지고 있는 시스틴 사이의 결합이다.

다시 말해서 모발 내에 수소이온을 투입하게 되면 시스틴 사이의 황결합이 파괴되면서 반대쪽에 있는 다른 폴리펩티드사슬의 시스틴이 황이온과 화학적으로 결합한 것을 말한다. 황이온 사이의 결합이라는 뜻으로 황결합이라고도 불리며, 황이온을 가진 아미노산인 시스틴 사이의 결합이므로 시스틴결합으로도 불린다.

펌 시술에서는 황결합이 파괴된 모발을 물리적인 힘과 함께 원하는 모양의 로드에 와인딩을 하면 모발이 원하는 형태로 늘어나게 된다. 원하는 형태로 만들어진 모발의 형태 유지를 위하여 황결합을 재결합시키는데, 모발 내에 $O_2$를 침투시키면 시스테인의 $H^+$들이 산소와 결합하며 $H_2O$가 되어 빠져나오면서 남은 황이온 사이에 다시 결합산화과정을 하게 되어 펌이 형성된다.

## 3) 이온결합

이온결합 혹은 염결합ionic bond, salt bond은 pH에 영향을 받아 그 전하가 바뀌는데 알칼리에서는 양극을 띠는 아미노산의 화학기가 음극으로 바뀌면서 음극-양극(− +)으로 결합되던 이온결합이 음극-음극(− −)이 되어 서로 밀치는 힘이 생기게 되면서 이온결합이 파괴된다. 산성에서는 이와 반대로 양극-양극(+ +)의 형태로 이온결합이 파괴된다.

즉 이온결합은 그다지 강력한 결합이 아니지만 많은 수의 이온결합이 모발 내 존재하므로 강력한 힘을 지니고 있다. 이온결합을 염결합이라고도 부르는 이유는 양극의 $Na^+$과 음극의 $Cl^-$가 이온결합을 하여 소금염, salt을 만드므로 이렇게 부르기도 하나 화학적으로는 이온결합이 올바른 표현이다.

## 4) 수소결합

수소결합hydrogen bond은 주쇄결합에도 측쇄결합에서도 발견되는데 하나의 수소결합은 매우 약한 결합이나 측쇄결합들 중에서 가장 많아서 물이나 물리적인 힘에 쉽게 파괴되며, 수분이 증발되면 다시 결합한다. 미용시술에서는 수소결합을 이용한 드라이 및 세팅 시술을 한다.

열을 가하게 되면 늘어진 상태에서 수분이 증발되고 근처에 있는 수소와 산소가 결합

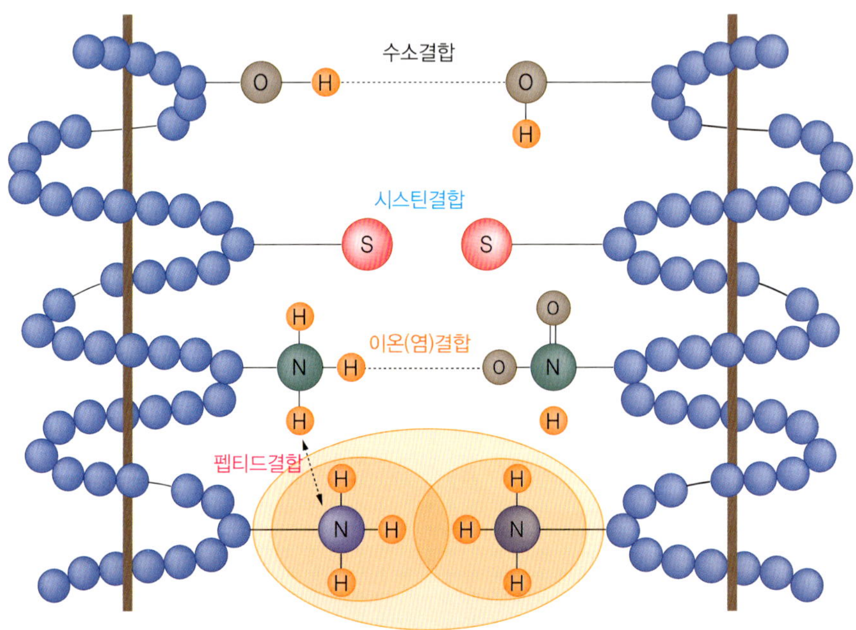


**그림 1** 모발 내의 화학결합

하게 된다. 즉 폴리펩티드사슬들은 서로 매우 근접하게 놓여 있으며 이들 중에서 수소이온을 지닌 아미노산과 산소이온을 지닌 아미노산 사이에 친화력에 의해 결합하게 된다. 그러므로 수소결합은 폴리펩티드사슬들 사이에도 발견되며 나선 모양으로 꼬여 있는 하나의 폴리펩티드사슬 내에서도 발견된다.

# 4. 펌제의 구성성분

펌제는 대부분 1제환원제와 2제산화제로 구분되어 있으며 구체적인 원리를 이해하기 위해 그 구성성분을 중심으로 살펴보고자 한다.

## 1) 1제의 주요 구성성분

### (1) 환원제

1제는 웨이브를 형성하는 환원제로 치오글리콜산과 시스테인이 있다.

**① 치오글리콜산** 화학식은 $HSCH_2COOH$이며 산성 물질이다. 그러나 산성인 채로 사용하게 되면 피부 자극이 심하고 상당히 희석된 용액이라도 표피각질이 박리되고 염증을 일으키기 쉬워 알칼리로 중화하여 pH 7 전후의 중성으로 만들어 사용한다.

이렇게 중화된 치오글리콜산thioglycolic acid에 다시 알칼리를 가해 pH 8.5~9.6 정도의 알칼리제를 사용하게 된다. 이렇게 다시 알칼리로 만드는데 사용하는 알칼리제를 유리알칼리라고 하는데, 그 역할은 환원제의 환원작용을 향상시켜 모발의 팽윤과 연화작용에 도움을 준다. 유리알칼리의 종류에는 암모니아가 가장 보편적이고 이외에 모노에탄올아민이나 트리에탄올아민의 아민계 알칼리제가 있다.

이와 반대로 알칼리가 아닌 산을 더하는 유리산도 있는데 치오글리콜산을 pH 4.5~

표 1 펌 1제와 2제의 차이

| 구분 | 유효성분 | 조작온도 |
|---|---|---|
| 1제 | 치오글리콜산계 | 콜드타입 |
| | 시스테인계 | 콜드타입, 가온타입 |
| 2제 | 브롬산나트륨, 과산화수소 | |

**표 2** 펌 1제의 특성

| 구분 | 주성분 | 주요 목적 |
|---|---|---|
| 환원제 | 치오글리콜산<br>디치오글리콜산 에탄올아민<br>시스테인(L-스테인, L-시스테인염산염 등) | 시스틴결합 절단 |
| 알칼리제 | 암모니아<br>아민계(모노에탄올)<br>탄산수소암모늄(산성 펌제) | 평윤 |
| 첨가제 | 침투제(계면활성제)<br>습윤제<br>유화제<br>유성성분<br>착색제<br>향료<br>양모제(모발보호제)<br>안정제<br>pH조정제<br>기타 | 침투 효과<br>모발보호 효과 |

5.5의 약산성으로 사용하는 것이다. 유리산에 첨부된 치오글리콜산은 유리알칼리에서 비롯되는 부작용인 모발이 손상되는 것을 줄여준다.

② **시스테인** 아미노산의 일종으로 모발이나 새의 깃털을 가수분해하여 얻을 수 있는 시스테인cystine은 시스틴을 환원하여 만든다. 시스테인 펌제는 자극적인 냄새가 적고 모발의 팽윤도가 작아 모발 손상이 적으며 펌을 한 후의 컬이 자연스러우므로 손상 모발에 적용해야 효과적이다.

그러나 황결합의 환원력이 치오글리콜산에 비해 저조하므로 웨이브의 형성력이 약한 결점도 있다. 이를 보안하기 위하여 1제 작용시간 동안 열처리를 하거나 슬라이스 폭을 좁게 하여 와인딩을 하는 방법을 이용하기도 한다.

치오글리콜산과 시스테인의 팽윤도 및 웨이브의 효과를 비교하면 표 3과 같고 환원제의 치오글리콜산과 시스테인에 대한 전체적인 장단점을 비교하면 표 4와 같다.

모발의 팽윤도를 살펴보면 치오글리콜산을 환원제로 사용한 펌제는 72.5%이며, 시스

**표 3** 치오글리콜산 vs. 시스테인의 웨이브 효과와 팽윤도 비교

| 구분 | 농도 | pH | 15분후 모발 팽윤도 | 웨이브 효과 |
|---|---|---|---|---|
| 치오글리콜산 | 5.0% | 9.4 | 72.5% | 70% |
| 시스테인 | 5.5% | 9.1 | 38.4% | 58% |

**표 4** 치오글리콜산 vs. 시스테인의 장단점

| 구분 | 장점 | 단점 |
|---|---|---|
| 치오글리콜산 | 경제적임<br>환원력이 우수함 | 자극적인 냄새가 남<br>모발 손상이 비교적 많음 |
| 시스테인 | 모발 손상이 적음<br>비교적 냄새가 적음<br>자연스러운 컬이 형성됨<br>피부 자극이 적음 | 환원력이 약함<br>불안정적이며, 공기 중에서 산화되기 쉬움<br>비교적 비싼 가격대임 |

테인은 38.4%로 치오글리콜산의 팽윤도가 높게 나타나며, 웨이브의 효과 면에서도 치오글리콜산이 70%인 반면 시스테인은 58%로 치오글리콜산이 높게 나타난다.

이와 같이 환원제의 농도와 pH가 비슷하더라도 환원제의 화학적 특성에 따라 치오글리콜산과 시스테인의 환원력이 다르게 나타나는 것을 알 수 있다.

## (2) 알칼리 조정제

**① 암모니아 타입 알칼리성 펌제** 알칼리제로 암모니아를 사용하는 펌제로서 자극적인 냄새를 유발한다. 그러나 모발을 적당히 팽윤시키고 그 양과 비율에 따라 부드러운 느낌부터 강한 컬의 웨이브까지 얻을 수 있다. 또한 휘발성에 의해 잔류성이 적어 피부에 자극이 적다.

**② 아민 타입 알칼리성 펌제** 아민계 알칼리 중에서도 모노에탄올아민을 가장 많이 사용하는데 아민 타입의 알칼리성 펌제는 휘발성이 없으며 자극적인 냄새도 없다. 그러나 모발에 대한 친화성이나 잔류성이 암모니아보다 높아 모발과 두피에 과잉작용이 일어날 수 있다. 이를 방지하기 위해서는 충분히 씻어내야 한다.

**③ 산성 펌제** 유리알칼리제가 아닌 산성물질인 유리산을 첨가하여 만든 제품이다. 이것은 pH 5.0~6.5 전후의 제품으로 모발의 등전점pH 4.5~5.5과 가까워 모발이 거의 팽윤되지 않는다. 그러나 환원작용도 매우 느려 웨이브 형성력이 매우 약하여 열처리가 필요하다. 저항력이 약한 염색모발, 탈색모발, 손상모발에 사용한다.

## (3) 첨가제

**① 침투제** 약액의 침투를 원활하게 하기 위해 계면활성제를 첨가시킨다.

**② 습윤제** 피부나 모발에 적당한 수분을 갖게 하기 위해 글리세린, 농글리세린, 프로필렌글리콜 등을 첨가시킨다.

③ **유화제**　펌제에는 피부나 모발을 보호하기도 하고 감촉을 좋게 하기 위해 유지나 왁스, 그 외의 성분을 추가한다. 이러한 성분 중에 물에 녹지 않는 것이나 녹기 어려운 성분을 용해시키기 위해서 사용되기도 한다. 유화제로 계면활성제를 사용한다.

④ **유성성분**　모발에 유분이나 영양분을 보급하고 모발을 약제로부터 보호하기 위해 첨가한다.

⑤ **착색제와 향료**

⑥ **그 외의 원료**　치오글리콜산이나 시스테인, 물은 다른 금속이 조금만 들어가도 안정성이 좋지 않다. 따라서 금속과 반응하지 않도록 금속봉쇄제 등의 안정제를 첨가하기도 하며 피부염증을 막는 항염증제를 첨가하기도 한다.

## 2) 2제의 주요 구성성분

2제는 웨이브를 고정하는 산화제이다.

### (1) 브롬산나트륨

처리시간이 짧으며 산성에서는 안정된 상태를 지키는 것이 어려우므로 pH 5.0~7.5를 유지한다. 사용하는 농도는 5~6% 정도로 너무 농도가 진하면 2제를 처리한 다음 모발 내에 잔존율이 많아지고 모발 감촉을 저하시켜 손상이 일어나게 된다. 따라서 꼼꼼히 헹구는 뒤처리가 중요하다. 특히 시스테인 펌 산화제로는 브롬산나트륨 $NaBrO_3$, 취소산나트륨만을 사용한다.

### (2) 과산화수소($H_2O_2$)

산성에서는 안정하고 알칼리에서는 불안정하므로 시판품은 pH 2.5~3.5가 많다. 브롬산나트륨에 비해 화학적으로 불안정하고 햇빛이나 미량의 중금속에 쉽게 분해되기 때

**표 5**　펌 2제의 특성

| 구분 | 주성분 | 주요 목적 |
|---|---|---|
| 산화제 | 브롬산나트륨(취소산염류)<br>과산화수소 | 시스틴결합의 재결합 |
| 첨가제 | 계면활성제<br>트리트먼트 | 침투 효과<br>모발보호 효과 |

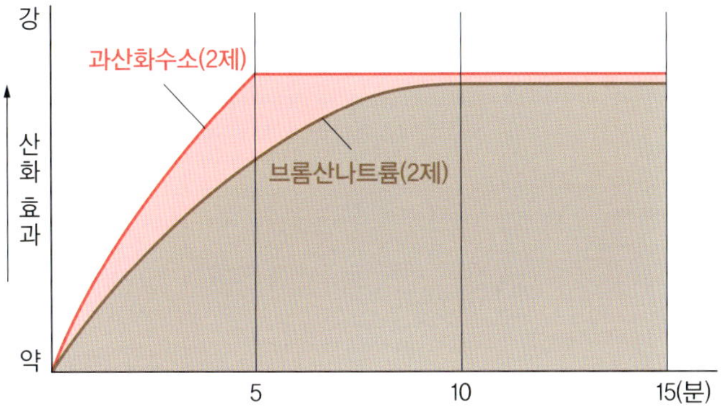


**그림 2** 2제의 방치시간과 산화작용 효과의 비교

문에 처방에 따라 특별한 주의가 필요하다.

또한 과산화수소는 분해될 때 물과 수소로 분리되기 때문에 수질 오염도는 적으나 펌 시술 시간이 길게 걸리고 모발이 탈색될 우려가 있으며 모발 끝의 웨이브가 약해진다는 결점이 있어 실질적으로 많이 사용하지는 않는다. 그러나 로드를 사용하지 않는 매직 스트레이트, 세팅펌, 아이론펌 시술 시에는 과산화수소 산화제를 이용하기도 한다.

# 5. 중간 린스의 필요성

중간 세척 혹은 'plain rinse'를 중간 린스라고 한다. 중간 린스를 하는 이유는 다음과 같다. 첫째, 모발에 남아 있는 1제와 2제가 반응하여 1제 약액에 의해 2제의 작용이 충분하지 못하게 되는 경우이다. 둘째, 1제 알칼리가 모발에 잔존하여 모발 손상을 가져오는데 미온수로 중간 린스를 해주면 모발 손상을 막아주는 역할을 한다. 셋째, 미온수로 중간 린스를 하게 되면 따뜻한 온도가 모발의 모공을 열어주는 역할을 하여 웨이브가 탱글탱글하고 탄력 있게 형성되도록 도와주는 효과가 있다.

Chapter 4

# 펌의 이해과정

1. 펌 시술에 필요한 준비물
2. 펌 시술의 디자인 구성요소

FUN FUN Basic Perm

# Chapter 4 펌의 이해과정

## 1. 펌 시술에 필요한 준비

### 1) 타월과 가운

#### (1) 타월

타월towel은 수분을 잘 흡수하는 소재를 사용하고 촉감이 부드러운 것으로 사용하는 것이 좋다. 1~2가지의 색상으로 선택하여 통일감을 주는 것이 좋으며 탈색이나 변색이 잘 되지 않는 색상을 선택한다.

그림1 타월

#### (2) 고객가운

고객가운은 펌에 사용되는 제품이나 물 등이 고객의 의류나 피부에 튀어서 영향을 미치는 것을 방지하기 위해 사용한다.

## 2) 시술도구

### (1) 로드

로드rod는 웨이브의 디자인 형태에 따라서 호수별로 다양하게 비치해 놓고 사용한다.

### (2) 핀셋

핀셋은 펌 시술 시에 빠르고 편리하게 와인딩을 하기 위해 섹션을 나눌 때 사용된다. 모발이 흘러내리지 않도록 고정력이 좋은 핀셋을 사용하고 잘 부식되지 않는 재료로 만든 것을 선정한다.

### (3) 엔드 페이퍼

엔드 페이퍼end paper는 웨이브에 사용되는 종이이다. 재질은 다공성이며 펌제의 흡수력이 좋은 것을 선택하며 모발을 로드에 균일하게 와인딩을 할 수 있게 도와주는 기능이 있다. 모발의 끝이 일정하지 않는 스트랜드strand를 와인딩을 하기 쉽게 잡아주며 모발에 환원제가 지나치게 흡수되어 모발이 손상되는 것을 방지하기 위해 사용한다.

**그림 2** 로드

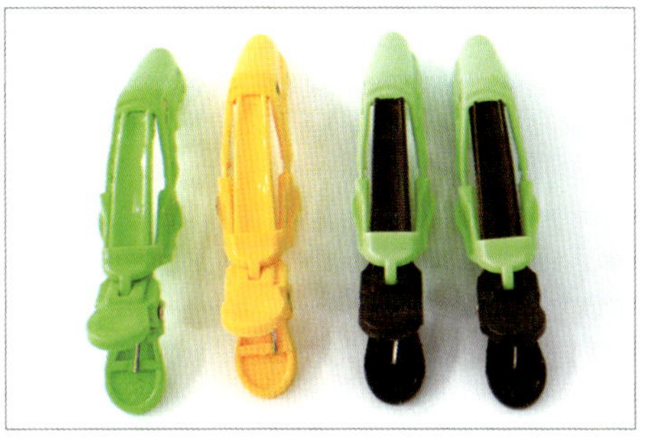

**그림 3** 핀셋

**그림 4** 엔드 페이퍼

그림 5 장갑

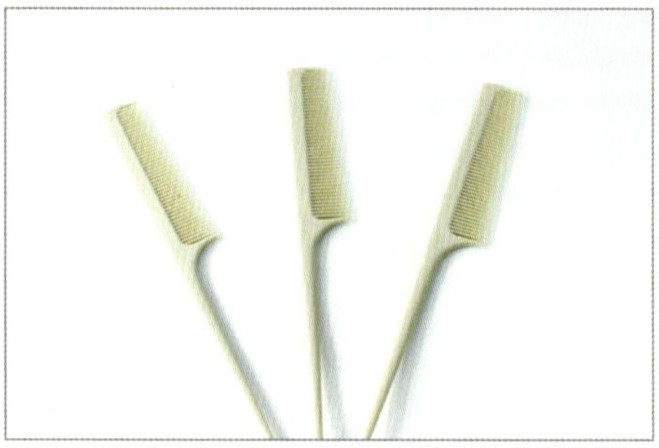

그림 6 꼬리빗

### (4) 장갑

장갑은 펌 시술 시에 착용하여 유해한 화학적 펌제로부터 인체를 보호하는 역할을 한다.

### (5) 꼬리빗

꼬리빗rat tail comb은 모발을 와인딩을 하기 쉽게 가르거나 나눌 때 사용한다. 재질은 부드럽고 표면이 매끈해야 하며, 빗살이 촘촘하고 고른 것을 선택하는 것이 좋다. 끝이 너무 뾰족하거나 날카로운 것을 사용하면 두피를 자극하여 염증을 유발시킬 수 있으므로 가급적 피한다.

### (6) 펌전용가운

펌가운은 피부나 옷, 가운에 펌제 등이 묻지 않게 하기 위해 사용된다.

### (7) 고무줄

고무줄rubber bond은 와인딩이 된 로드를 두피에 고정시키는 역할을 한다. 컬에 탄력성을 주며

그림 7 가운

그림 8 고무줄

그림 9 펌제

그림 10 헤어밴드

너무 강하게 자극할 경우 펌제 액이 고여 모발이 끊어지거나 약해지는 원인이 될 수 있다.

### (8) 펌제

펌 1제가 시스틴결합을 절단하고 2제가 시스틴재결합을 하여 웨이브를 형성하게 한다.

### (9) 헤어밴드

헤어밴드는 펌제가 두피에 흘러내리지 않도록 두상을 감싸주는 역할을 한다.

### (10) 중화받침

중화받침은 펌 중화제를 도포 시에 가운이나 목 주위에 흘러내리지 않게 하려고 사용한다.

### (11) 펌용기

펌 1제 또는 중화제 등의 적량을 사용할 수 있도록 용기에 눈금이 표시되어 있는 것을 사용한다.

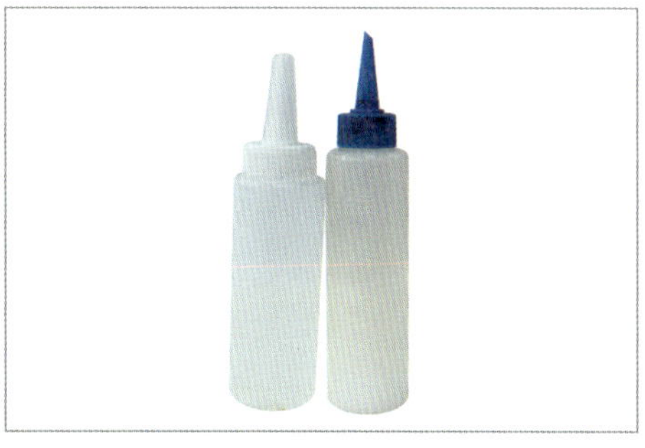

그림 11 중화받침

그림 12 용기

그림13 비닐 캡

그림 14 타이머

### (12) 비닐 캡

환원제 작용이 일정한 온도에서 반응할 수 있도록 비닐 캡을 사용한다.

### (13) 타이머

펌 시술 시의 각 과정에서 시간을 정확히 맞추기 위해 타이머를 사용한다.

### (14) 기타

① **정리대** 펌 시술 시에 필요한 도구 및 제품들을 효율적으로 활용할 수 있도록 정리·정돈하여 시술을 용이하게 하기 위해 정리대wagon를 사용한다.

② **모발보호 제품** 헤어로션, 헤어크림, 글레이즈, 스프레이 등이 있다.

## 3) 모질에 따른 펌제 도포방법

펌제를 도포할 때 모발의 조건에 따라 다르게 도포해야 한다. 두피에 과다하게 도포하여 펌제가 두피에 묻으면 화상이 생겨 염증 및 각질을 유발시킬 수 있으며 와인딩 시에 과도한 힘을 가하여 모공 속으로 스며들어 급성 모낭염 또는 탈모를 촉진시킬 수 있다. 즉 두피에서 1cm 정도 띄우고 펌제가 두피나 얼굴에 흘러내리지 않게 도포한다. 1제를 많이 도포하지 않도록 주의하면서 모발이 흡수할 정량만 도포한다. 손상모일 경우에는 수분을 30~40% 정도 분사한 후 1제를 도포한다.

### (1) 전체 자연모의 도포방법

펌제가 두피에 묻지 않고 과다 도포하지 않도록 주의하여 모발 전체에 도포하여 시술한다.

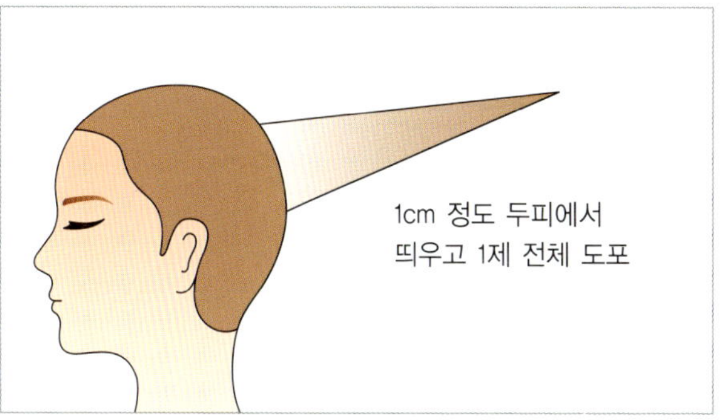


**그림 15** 전체 자연모의 도포과정

### (2) 염색모의 도포방법

펌제 1제를 2/3 정도 모근 부위부터 적당히 도포하고 모발 끝부분을 수분을 조절하여 와인딩 시술 시에 빗질로 1제를 연결시킨다.

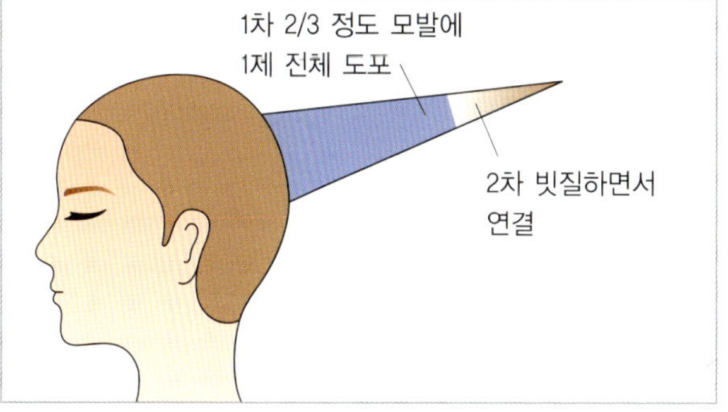


**그림 16** 염색모의 도포과정

### (3) 염색 후 신생모가 자란 경우 도포방법

신생모 부분을 먼저 1차 연화하거나 방치 후 나머지 부분도 펌제를 도포한다. 1차 연화 과정을 통하여 웨이브가 팽윤되어 모질의 조건을 비슷하게 하고 수분을 조절하면서 와인딩을 한다.

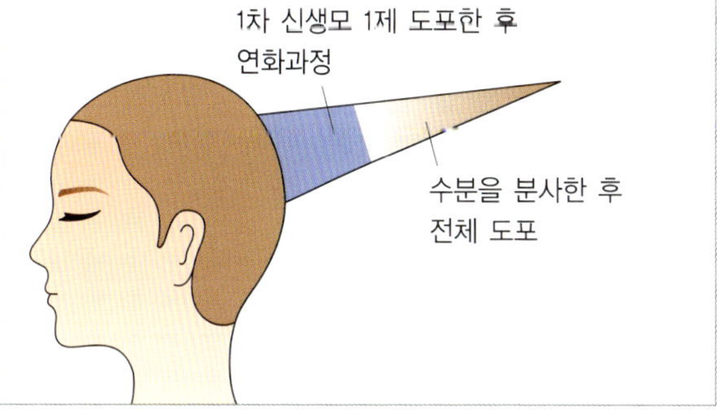


**그림 17** 염색 후 신생모가 자란 경우 도포과정

### (4) 극손상모의 도포방법

극손상모일수록 모발 전체에 충분히 수분을 공급하고 1제의 적당량을 바른 후 재빠르게 와인딩하여 시술시간을 줄여 전체 와인딩 시간을 균일하게 하고 웨이브를 형성하게 한다.

손상이 심한 경우 환원작용이 빠르게 작용하기 때문에 와인딩의 시간이 늦으면 모발의 손상이 심해질 수 있으므로 이럴 경우 모발의 수분을 충분히 유지한 다음 물로 와인딩을 한 후 1제를 도포하면 손상을 줄일 수 있다.

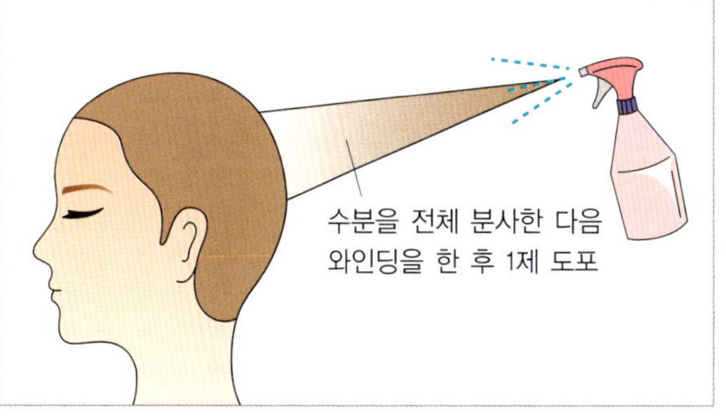


**그림 18** 극손상모의 도포과정

## 4) 모질의 구분

첫째, 화학 시술을 하지 않는 모발을 흔히 건강모라고 하고 웨이브의 형성 시간이 오래 걸린다.

둘째, 화학 시술, 즉 염색을 한 모발 상태를 염색모라고 하고 웨이브 형성 시간이 건강모보다 조금 짧다.

셋째, 염색이나 펌 시술 후에 모발 결이 손상된 상태를 손상모라고 하고 웨이브 형성 시간이 염색모보다 빠르다.

넷째, 화학 시술로 인해 푸석한 모발 상태를 극손상모라고 하고 웨이브 형성 시간이 손상모보다 빨리 형성된다.

## 5) 모질의 분석

펌 시술 시의 모질毛質은 사람에 따라서 다르며 문진問診, 시진視診, 촉진觸診을 통해 고객의 모발 상태를 파악하는 것이 주요한 역할을 한다.

### (1) 모질의 분류

① **곱슬머리** 동양인 중 한국인은 곱슬머리가 많고 곱슬머리는 웨이브 형성이 잘 되는 특성이 있다.

② **직모** 모발이 굵으며 뻣뻣한 특성이 있고 웨이브 형성이 조금 늦다.

③ **발수성모** 모발이 가늘어 펌제의 침투가 늦고 물을 묻혔을 때 잘 스며들지 않는 발수성 모질은 모표피의 겹침 정도가 밀착되어 약액의 작용시간이 늦다.

④ **다공성모** 염색, 탈색, 펌을 자주할 경우에는 모피질층에 있는 간충물질들이 유출되면서 빈 공간이 되어 손상된 모질을 말한다.

### (2) 모발 숱의 차이

모발 숱이 많고 적은 것에 따라 시술 시의 와인딩 두께가 달라지고 웨이브 형성이 다르게 연출된다.

### (3) 모발의 굵기

모발의 가늘거나 굵은 것에 따라 디자인하는 섹션의 변화가 다르게 연출되고 웨이브 형성 시간이 다르게 작용된다.

### (4) 손상의 정도

모발의 손상 정도를 파악하여 웨이브 작용시간, 전처리 영양과정을 적용한다.

## 6) 펌제의 종류

### (1) 1욕식 펌제

일반적으로 1욕식 펌제는 중화제 없이 사용되는 치오글리콜산thioglycolic acid 또는 그 염류가 사용되며, 2제 대신 공기 중의 산소와 행굼plan rinse을 통해 물속 산소에 의한 자연 산화를 이용해서 시스틴을 재결합시켜 펌을 형성시킨다. 펌 시술 시에 중화제 없이 사용되는 펌제라고 할 수 있으며 웨이브의 형성이 낮은 것이 단점이다. 강한 웨이브를 자연스럽게 수정하고자 할 때 산소를 이용하여 산화시키며 샴푸를 할 때 물에 의해 산화되기도 한다.

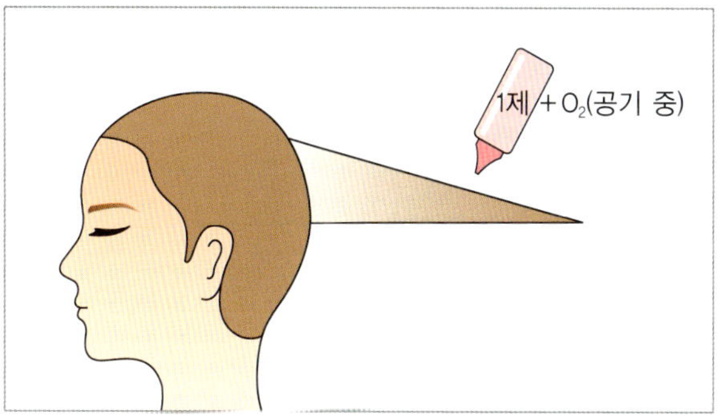


그림 19 1욕식 펌제

### (2) 2욕식 펌제

현재 헤어숍에서 가장 많이 사용되는 환원제로서 1제와 산화제로 2제를 이용한 2욕식 펌제가 사용되고 있다. 즉 1제의 pH 9 전후의 알칼리 주성분인 치오글리콜산의 환원작용으로 인해 모발 중의 측쇄결합을 절단하고 2제의 브롬산나트륨$NaBrO_2$, 취소산칼륨$KBrO_3$ 등은 산성에서 활성화시켜 산화작용에 의해서 웨이브를 고정시킨다.

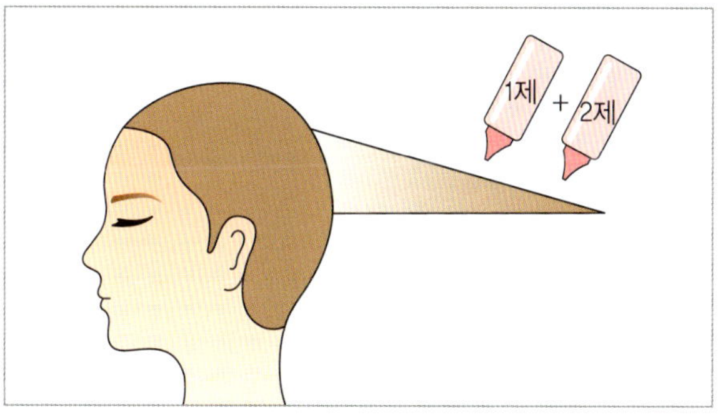


그림 20 2욕식 펌제

### (3) 3욕식 펌제

일반적으로 3욕식 펌제는 웨이브의 형성이 늦은 모질에 사용되며 1제는 특수 활성제인 1액으로, 건강모 부분에 도포하여 1차적으로 팽윤, 연화시킨 다음 2차적으로 펌제를 도포하여 와인딩을 한 후 산화제인 중화제를 도포하여 웨이브를 만드는 데 사용한다. 즉 1제, 2제는 환원제이며 3제는 산화제이다.

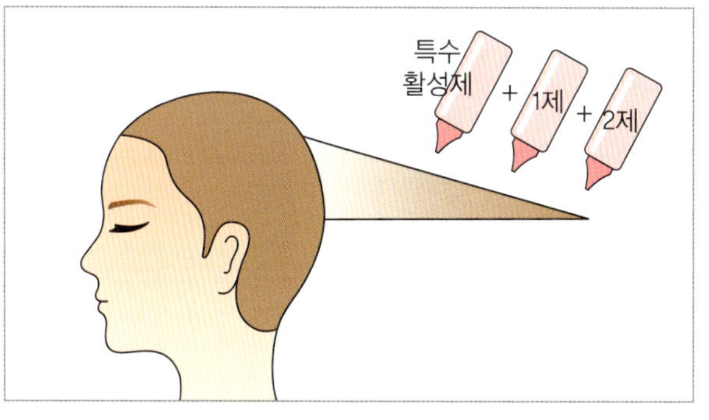


그림 21 3욕식 펌제

## 7) 모질에 따른 펌제

### (1) 시스테인 펌제

염색 모발이나 손상된 모질에는 시스테인의 함유량이 많은 펌제를 사용한다.

### (2) 치오글리콜산 펌제

건강한 모발의 웨이브를 형성할 때에는 주성분이 치오글리콜산인 펌제를 사용한다.

### (3) 아민 계열 펌제

손상모에는 아민 계열 펌제를 주로 사용된다.

### (4) 산성 펌제

산성 펌제는 환원력이 약하기 때문에 저항력이 약한 극손상모, 탈색모 등에 주로 사용된다.

## 8) 중화제의 종류

### (1) 과산화수소($H_2O_2$)

일반적으로 중화제의 적용시간은 10분 정도인데 모발의 손상 정도에 따라서 대략 5~10분 정도 방치시간을 둔다.

### (2) 브롬산나트륨 또는 취소산나트륨($NaBrO_3$)

중화제의 적용 시간은 모질의 손상 정도에 따라 다른데 15~20분 정도 방치시간을 둔다.

# 2. 펌 시술의 디자인 구성요소

## 1) 시술 각도

펌 시술 시의 와인딩 각도는 두상의 볼륨을 업 또는 다운하고자 할 때 중요한 시술과정이다. 일반적인 와인딩 각도는 톱 부분의 경우에는 두상 각도 120°, 골덴 포인트golden point는 100° 정도 적당하며 백 포인트 볼륨을 적게 하기 위해 90°, 45°, 15°, 0° 등으로 조절한다.

그림 22 온 베이스(on base)

그림 23 하프 오브 베이스(half of base)

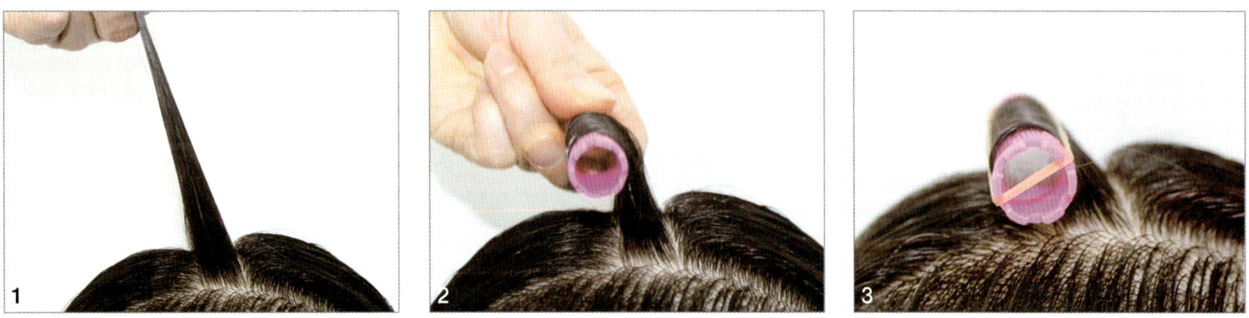


그림 24 오프 베이스(off base)

그림 25 단면 페이퍼

그림 26 양면 페이퍼

그림 27 겹 페이퍼(book end paper)

## 2) 엔드 페이퍼

헤어 셰이핑을 한 후에 모발이 빠져 나오지 않게 스트랜드를 검지와 중지를 이용하여 모발이 움직이지 않도록 고정시키고 모발이 평행이 되도록 한 다음 모발의 끝을 모으거나 꺾어서 사용하면 그 부분의 컬이 끊어질 우려가 있으므로 모발 끝에서 1~2cm 정도 길게 빼서 엔드 페이퍼end paper 또는 파마용지를 감는 것이 올바른 방법이다.

① **단면 페이퍼** 일반적으로 가장 많이 사용하는 방법으로 스트랜드의 위에 단면 엔드 페이퍼end paper를 올려놓고 검지와 중지로 납작하게 모발에 밀착시켜 잡고 로드를 아래에 대고 와인딩을 한다.

② **양면 페이퍼** 모발의 길이가 일정하지 않고 차이가 심할 때 고르게 빗질한 스트랜드의 아래와 위에 겹치도록 양면 엔드 페이퍼double end paper를 대고 감싸서 와인딩을 하는 방법이다.

③ **겹 페이퍼** 모발을 적게 잡고 와인딩을 하고자 할 때 가지런히 빗질하고 엔드 페이퍼를 반으로 접어 모발을 감싸서 와인딩을 하는 방법이다.

## 3) 슬라이스의 두께

펌의 디자인 형태에 따라 웨이브의 슬라이스 두께가 달라질 수 있으며 보편적으로 로드 지름만큼 두께를 뜨고 시술하지만 굵은 웨이브를 연출하고자 할 때에는 슬라이스의 두께가 넓을수록 굵은 웨이브를 연출할 수 있다.

표 1 슬라이스 두께와 모질 상태

| 두께 | 모질 상태 |
|---|---|
| 1배 | 모발이 가늘고 머리숱이 적은 모량 시술 |
| 1.5배 | 모발이 보통이며 약간 머리숱이 적거나 보통인 모량 시술 |
| 2배 | 모발이 굵고 머리숱이 많은 두상 시술 |
| 2배 이상 | 모발이 보통 굵기 이상이면서 극손상모일 경우 시술 |

## 4) 섹션

섹션section은 와인딩을 위해 두상을 셰이핑을 하기 위해 형태에 따라 구획을 나누는 것을 말한다. 펌의 디자인에 따라 로드의 크기와 종류가 결정되며, 섹션의 크기는 로드의 크기, 모발의 질, 모발의 밀도에 따라 달라질 수 있다.

## 5) 고무줄의 처리방법 – 밴딩 처리

로드로 이용하여 와인딩을 고무줄로 고정시킨다. 두피 쪽에 바짝 붙여 고정시키게 되면 고무줄 부위가 팽윤되어 자국 및 끊어실 가능성이 있으므로 주의해야 한다. 일반적으로 사용하는 고무줄 처리는 대략 4가지 형태라고 할 수 있다.

그림 28 십일자형

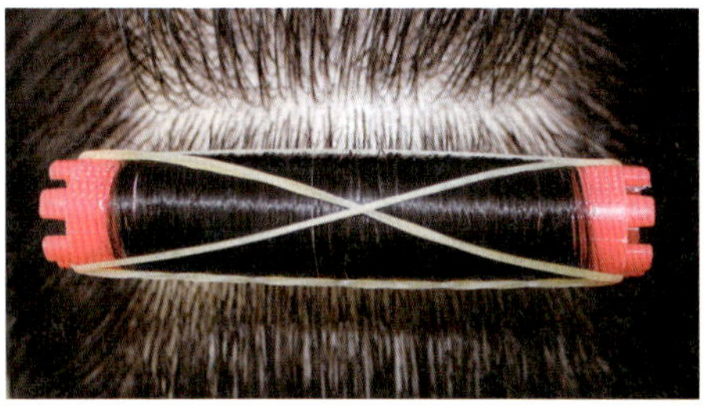

그림 29 십일자 엑스형

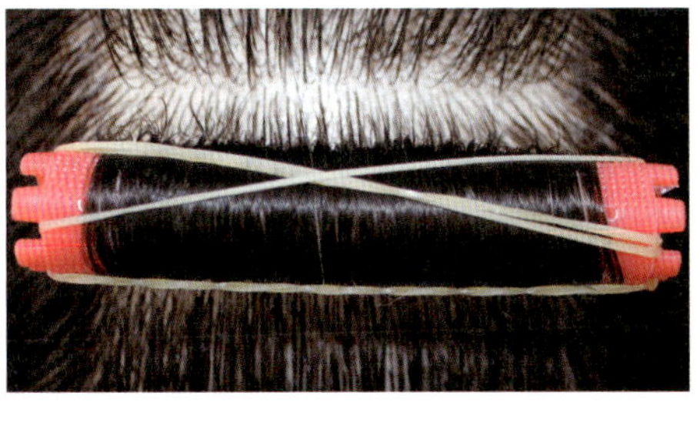

그림 30 엇갈리기형

그림 31 엑스자형

**표 2** 모질 상태에 따른 텐션 정도

| 구분 | 텐션의 차이 |
|---|---|
| 건강모 | 강한 텐션 |
| 염색모 | 중간 힘 정도의 텐션 |
| 손상모 | 약한 힘 정도의 텐션 |
| 극손상모 | 당기는 힘이 전혀 없는 텐션 |

## 6) 텐션 또는 긴장력

① 와인딩은 빗질을 가지런하게 한 다음 적당한 텐션을 주어 매끄럽고 균일하게 와인딩을 해야 한다.

② 모발을 너무 팽팽하게 잡아 당겨서 와인딩을 하면 모발을 손상시키거나 웨이브 형성에 장애가 될 수 있다.

③ 텐션이 균일하지 않았을 경우에는 약제가 골고루 도포되지 않아 균일한 웨이브의 형성이 어려울 수 있으므로 주의한다.

④ 텐션은 동일한 힘을 주고 와인딩을 하는 것이며 얼마만큼 힘을 가하는지에 따라서 웨이브의 형성도가 다르게 나타난다.

⑤ 모질이 손상모일 경우에는 너무 강한 텐션으로 당기면 시술 시 모발의 손상도가 심해지게 되며 웨이브의 탄력도가 떨어지게 되므로 당기는 힘tension은 모질에 따라 조절을 하면서 와인딩을 한다.

## 7) 로드의 굵기

일반적으로 모발이 긴 경우에는 굵은 로드, 중간 길이는 중간 굵기의 로드, 짧은 길이는 작은 로드로 사용한다. 즉 펌 디자인에 따라 로드의 호수가 결정된다. 모발이 똑같은 길이라도 작은 로드로 와인딩을 하면 길이가 짧아 보인다.

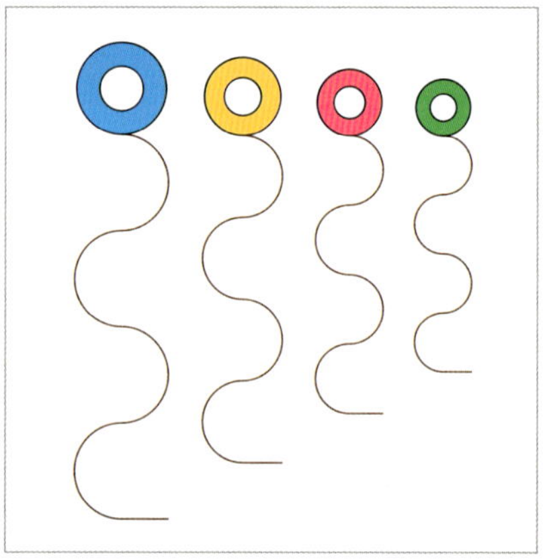

**그림 32** 로드의 굵기

그림 33 빗질방법

## 8) 빗질방법

펌의 와인딩 시에 확실하게 빗질을 하지 않으면 모발의 꺾인 현상으로 인해 손상이 올 수 있으니 빗질을 올바르게 하는 것이 중요한다.

모근부터 모류가 구부러지지 않게 세워서 빗질해야 좋으며 와인딩 시에 고른 빗질을 해야 모근 쪽에 신생모 및 잔머리의 손상 없이 웨이브를 형성할 수 있다.

두상 위치에 따라 시술 각도 120°~90° 패널panel을 잡고 모근부터 신생모를 일으켜 세워서 두피로부터 두상에 따라서 모발의 꺾임 없이 빗질한다.

먼저 시술 각도를 정확하게 패널을 잡고 상단에서 모발을 잡고 꼬리빗으로 엄지와 검지로 손목에 힘을 주지 않고 손가락을 굴리듯이 라운드수평을 하여 모류를 세워주고 사선으로 빗 등을 밀어굴리면서 빗질한 다음 로드 와인딩을 한다.

## 9) 시술 속도

펌을 균일한 웨이브로 디자인하고 스타일을 연출하기 위해서는 빠른 속도로 시술하여야 한다.

첫째, 건강모일 경우 1제를 도포한 후에는 환원작용시간이 길어지므로 펌 시술 시에 디자인 형태에 맞추어 웨이브의 탄력을 원하는 두상 위치에서부터 와인딩을 하는 것이 바람직하다.

표 3 모발에 따라 다른 와인딩 속도

| 구분 | 와인딩 속도 |
|---|---|
| 건강모 | 1제를 도포한 후 스피드 와인딩 |
| 염색모 | 1제 도포, 시술 시 파팅에 따른 수분 조절하여 스피드 와인딩 |
| 극손상모 | 물을 와인딩을 한 후 1제 도포 처리(2회전 이상일 경우 수분을 충분히 도포한 다음 1제 도포하고 시술하는 것이 바람직하며, 회전수가 많으면 1제가 골고루 침투가 안 되기 때문임) |

둘째, 염색모 및 손상모일수록 1제의 작용이 빠르게 연화되므로 와인딩의 시술 속도가 늦어지면 균일한 웨이브의 형태를 얻을 수 없다. 모발에 수분을 공급된 상태에서 1제를 도포하여 빠르게 시술한다.

셋째, 극손상모일 경우 물을 도포한 후 와인딩을 한 다음 약액을 도포하는 것이 바람직하며, 모발이 2회전 이상 와인딩을 하는 긴 머리의 경우에는 약액 침투가 골고루 안 되면 불규칙하게 웨이브가 형성될 우려가 있다. 먼저 모발에 수분을 염색모보다 충분이 도포한 상태에서 1제의 적당량을 도포하여 웨이브 환원작용 속도를 느리게 한 후에 시술하는 것이 바람직하다.

Chapter 5

# 펌의 디자인 형태 분석

1. 섹션에 따른 디자인 형태 분석
2. 얼굴형에 따른 스타일 분석

FUN FUN Basic Perm

Chapter 5

# 펌의 디자인 형태 분석

## 1. 섹션에 따른 디자인 형태 분석

### 1) 수평 섹션 와인딩

수평 섹션 와인딩의 특징은 다음과 같다.

첫째, 볼륨감이 많다.

둘째, 부피감이 많아진다.

셋째, 모류가 네이프 방향으로 형성된다.

넷째, 모발의 머리 길이가 짧아 보인다.

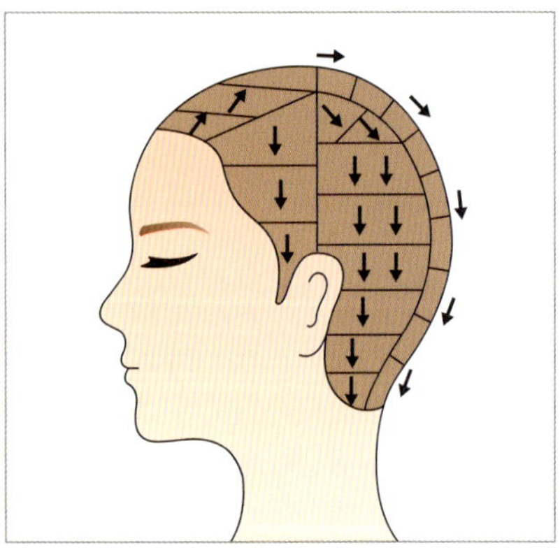

펌의 수평 섹션 도해도

수평 섹션 스타일 앞

수평 섹션 스타일 옆

그림 1 수평 섹션 와인딩

## 2) 전대각 섹션 와인딩

전대각 섹션 와인딩의 특징은 다음과 같다.

첫째, 볼륨감과 부피감이 보통으로 형성된다.

둘째, 모류가 리버스 방향으로 형성된다.

셋째, 웨이브의 방향성은 리버스로 모발의 머리 길이를 유지시켜준다.

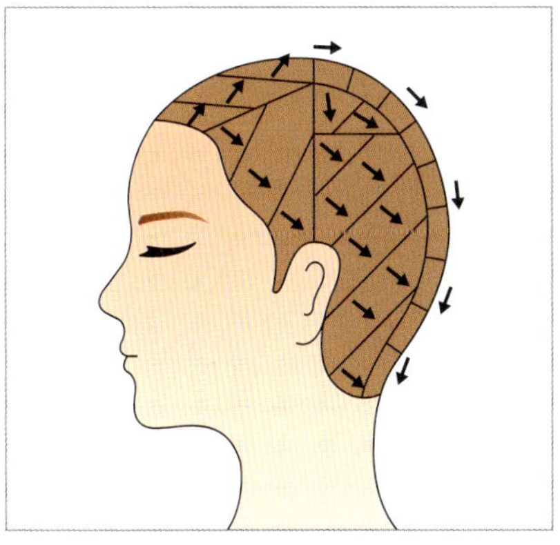

펌의 전대각 섹션 도해도

전대각 섹션 스타일 앞

전대각 섹션 스타일 옆

**그림 2** 전대각 섹션 와인딩

## 3) 후대각 섹션 와인딩

후대각 섹션 와인딩의 특징은 다음과 같다.

첫째, 볼륨감과 부피감이 많은 편이다.

둘째, 모류가 포워드 방향으로 형성된다.

셋째, 모발의 머리 길이가 길어 보인다.

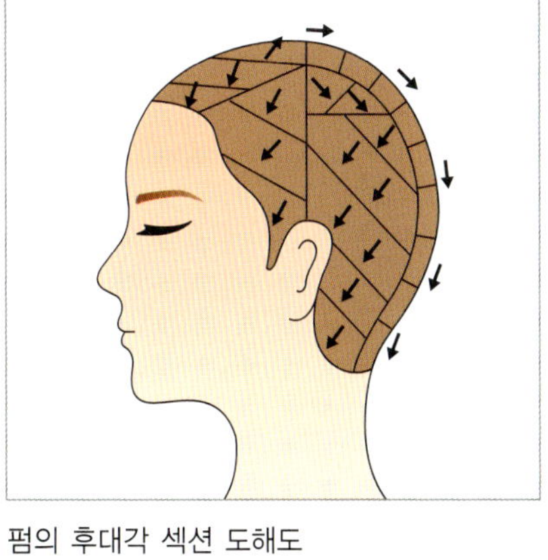

펌의 후대각 섹션 도해도

후대각 섹션 스타일 앞

후대각 섹션 스타일 옆

**그림 3** 후대각 섹션 와인딩

### 4) 수직 섹션 와인딩

수직 섹션 와인딩의 특징은 다음과 같다.

첫째, 볼륨감과 부피감이 적다.

둘째, 모류 및 웨이브의 방향성은 포워드 또는 리버스 방향으로 움직인다.

셋째, 모발의 머리 길이가 길어 보인다.

펌의 수직 섹션 도해도 / 수직 섹션 스타일 앞 / 수직 섹션 스타일 옆

**그림 4** 수직 섹션 와인딩

**표 1** 펌 섹션의 분석표

| 구분 | 수평 섹션 | 후대각 섹션 | 전대각 섹션 | 수직 섹션 |
|---|---|---|---|---|
| 볼륨감 형성 정도 | 최대 | 대 | 중 | 소 |
| 웨이브의 길이 상태 | 짧아 보임 | 길어 보임 | 길이를 유지함 | 최대로 길어 보임 |
| 부피감 | 최대 | 대 | 중 | 소 |
| 웨이브의 방향성 | 좌우 방향 | 포워드 방향 | 리버스 방향 | 포워드 또는 리버스 방향 |

## 2. 얼굴형에 따른 스타일 분석

### 1) 역삼각형 얼굴의 스타일

#### (1) 역삼각형의 특징

① 양턱의 선이 좁고 이마 폭이 넓다.

② 넓은 이마가 시원한 이미지를 준다.

### (2) 펌 시술의 포인트

① 모든 헤어스타일이 잘 어울리는 얼굴형이다.
② 톱top을 조금 높게 하여 볼륨을 살린다.
③ 앞머리를 큰 뱅bang으로 해서 이마를 좁게 연출한다.
④ 좁은 턱선을 웨이브로 볼륨감을 주어 보완한다.
⑤ 크라운 부위가 너무 평평하지 않도록 주의한다.
⑥ 앞 라인에 웨이브를 강하게 하면 이마가 많이 보여서 얼굴이 커 보이므로 앞 라인을 강하지 않게 시술한다.

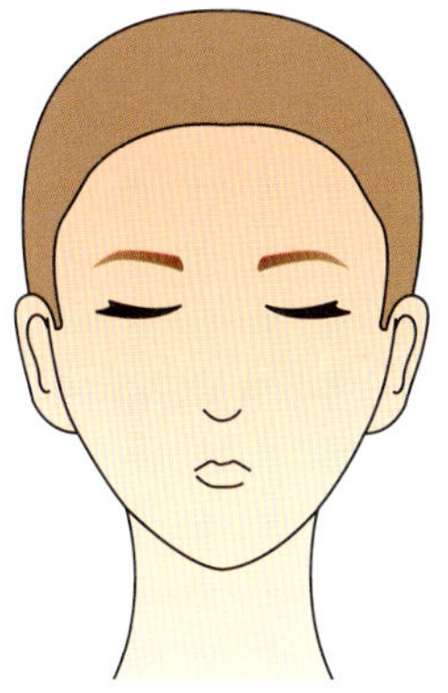

**그림 5** 역삼각형의 얼굴

## 2) 둥근형 얼굴의 스타일

### (1) 둥근형의 특징

① 얼굴이 전체적으로 원형 느낌이 든다.
② 얼굴의 넓이와 길이가 거의 동일한 형이다.
③ 다소 귀엽고 발랄한 분위기를 주어 나이에 비해 어려 보이는 장점이 있다.

### (2) 펌 시술의 포인트

① 톱 부분에 볼륨을 주고 사이드 부분의 볼륨을 줄여서 최대한 길이가 길어 보이도록 연출한다.
② 가르마의 센터 파트center part는 피한다.
③ 사이드 파트를 이용하여 톱 부분에 볼륨을 준다.
④ 스타일 시술 시의 섹션이 수평선보다는 수직선이 강조되는 헤어스타일을 통해 둥근 얼굴형을 갸름하게 연출한다.
④ 톱 부분에 볼륨을 주어 긴 머리가 강조되는 스트레이트 헤어가 어울린다.
⑤ 둥근형은 얼굴이 계란형에 가깝게 보이도록 헤어스타일을 연출해주어야 한다.
⑥ 귀 뒤로 두발을 넘겨 얼굴을 드러내면 더욱더 둥근 느낌을 강조하게 되므로 피한다.
⑦ 사이드에 볼륨을 주는 것은 절대로 피한다.

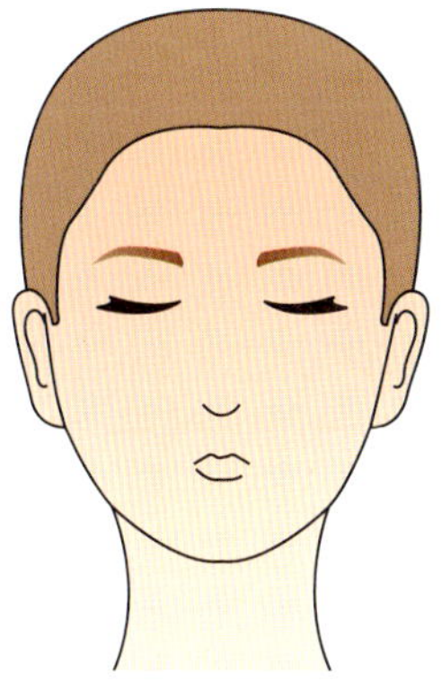

**그림 6** 둥근형의 얼굴

### 3) 사각형 얼굴의 스타일

#### (1) 사각형의 특징

① 광대뼈와 턱 부분이 돌출되어 있어서 딱딱하고 고집스러운 인상을 줄 수 있다.

② 강조된 턱선이 부드럽고 편안한 느낌을 줄 수 있도록 연출한다.

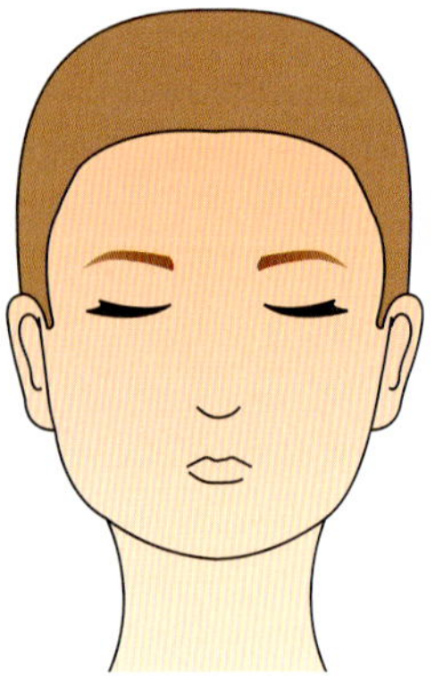

**그림 7** 사각형의 얼굴

#### (2) 펌 시술의 포인트

① 길어 보이는 것보다는 둥글게 보이는 것이 중요하므로 얼굴을 감싸는 스타일을 한다.

② 헤어라인 부위의 모발을 턱선으로 가려 각진 얼굴을 감소시켜주어야 한다.

③ 비대칭형의 스타일이나 전체적으로 웨이브를 많이 한 롱헤어스타일이 어울린다.

④ 목덜미나 전체에 볼륨을 주는 스타일은 사각형 얼굴을 강조하게 되므로 피한다.

⑤ 평행 보브 스타일, 쇼트 커트스타일은 어울리지 않는다.

⑥ 바깥쪽으로 머리 흐름이 뻗치면 각진 것이 강조되므로 안쪽으로 감싸는 것이 좋다.

### 4) 장방형 얼굴의 스타일

#### (1) 장방형의 특징

① 얼굴이 긴 형태이다.

② 턱이 길고 뾰족하여 자칫 날카로운 인상을 주기 쉽다.

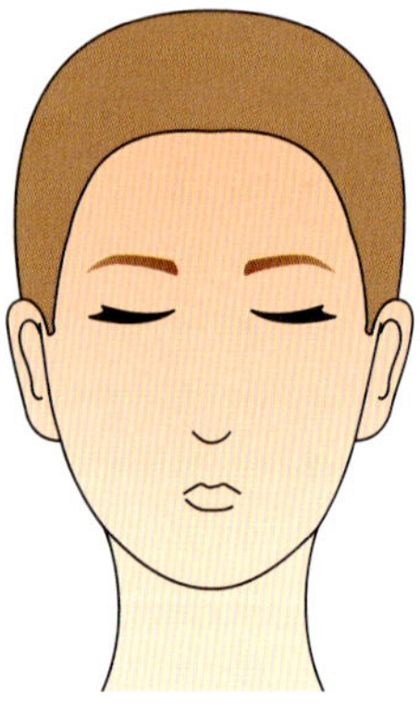

**그림 8** 장방형의 얼굴

#### (2) 펌 시술의 포인트

① 얼굴이 전체적으로 길어 보이지 않게 하는 데 중점을 둔다.

② 단발형의 보브 스타일이 잘 어울린다.

③ 앞머리는 낮게 뱅bang을 만들어 얼굴형을 길어 보이지 않도록 한다.

④ 옆머리는 전체적으로 층을 준 헤어스타일로 하면 산뜻한 느낌을 준다.

⑤ 단조로운 롱 스트레이트는 되도록 피하는 것이 좋다.

⑥ 턱선보다 머리 길이가 길게 하는 것이 잘 어울린다. 머리 길이가 턱선보다 짧으면 얼굴이 더 길어 보인다.

Chapter 6

# 샴푸와 린스, 트리트먼트

1. 샴푸에 대한 이해
2. 린스와 트리트먼트에 대한 이해
3. 샴푸의 테크닉과정

FUN FUN Basic Perm

# Chapter 6 샴푸와 린스, 트리트먼트

## 1. 샴푸에 대한 이해

### 1) 샴푸의 목적과 기능

샴푸shampoo는 사전적 의미로는 '머리를 씻다'는 뜻이다. 샴푸의 주목적은 모발과 두피의 때가 낀 먼지나 비듬을 세정하거나 두피와 모발의 오염 물질 등을 깨끗하게 제거하는 것이다. 땀샘, 피지선의 분비물에 따라 세균이 증식하면 피지와 유기물의 분해가 촉진되며 그 대사부산물에 의해 탈모, 불쾌한 냄새, 가려움증이 나타나게 된다.

두피 및 모발에 분비나 배설된 피지, 땀, 죽은 각질세포, 두발화장품의 잔류물질들에 의해 두피의 오염이 심해지면 모낭이 막혀 모유두의 기능이 저하되어 모발의 정상적인 발육이 방해되므로 탈모를 일으키게 된다. 이러한 물질 등을 제거하여 모발을 청결하게 하고, 모공을 막고 있는 물질을 없애주어 혈행을 좋게 하며, 산소 공급을 하여 모발과 두피를 건강하게 가꾸기 위해 샴푸를 사용한다.

펌에서도 1제의 침투를 용이하게 하기 위한 샴푸의 세정작용에 따라 웨이브의 형성 시에 큰 영향을 끼친다.

## 2) 두피 상태에 따른 샴푸제

### (1) 건성 두피

음이온 계면활성제와 보조 세정제는 비이온 및 양이온 계면활성제가 첨가된 샴푸를 사용하며 두피가 건조해서 비듬이 생기거나 알칼리성이 강한 샴푸제를 사용했거나 염색이나 펌 등으로 두발이 건조해졌을 때에는 세발 전에 헤어오일이나 영양오일을 사용하여 두피 마사지를 한 후에 샴푸하는 것이 바람직하다. 매일 샴푸하는 것은 좋지 않으며 각질이 많이 일어나기 때문에 샴푸 횟수를 조절하는 것이 좋다.

### (2) 지성 두피

음이온 계면활성제가 세정력을 1.5~2배 높여 피지를 제거하고, 피지 분비를 조절하여 세균번식을 막으며, 염증을 예방하고 노폐물 등을 제거한다.

세정력이 강하기 때문에 두피와 모발에 강한 자극을 피하는 것이 좋고 자주 사용하면 두피가 건조해질 수 있으므로 세정력이 약한 샴푸를 교대로 사용하는 것이 좋다.

### (3) 예민성 두피

두피의 자극을 최소화해야 하기 때문에 저자극성 샴푸제를 사용하고 두피 마사지도 손가락으로 톡톡 두들기고 문지르면서 가볍게 해야 할 뿐 아니라 화학적 시술과 스타일링 제품은 되도록 삼가하는 것이 바람직하다. 심한 민감성 두피일 경우에는 샴푸를 물에 풀어 거품을 내서 그 거품 물을 여러 번 두피에 끼얹는 방식으로 두피 관리를 하는 것이 바람직하다.

### (4) 비듬 두피

비듬 제거를 위한 브러싱을 한 후 스케일링 제품을 두피 전체에 골고루 도포한 다음 비듬전용 약용 샴푸제를 사용해서 샴푸하며 마사지를 병행한다.

### (5) 탈모 두피

생리적으로 발생하는 탈모와 환경적으로 발생하는 일시적 탈모의 경우에는 샴푸는 저자극성 샴푸제를 사용하고 두피에 혈액순환이 원활하도록 적당한 브러싱이 필요하다. 또한 육모제가 함유된 샴푸제품을 정기적으로 사용해서 탈모 부위의 모발 성장이 원활해지도록 한다.

### 3) 모발 상태에 따른 샴푸제

#### (1) 손상 모발용 샴푸

모발의 모표피가 계속 손상되기 때문에 수분과 영양이 부족하여 손상된 모발에는 실리콘을 함유한 약산성이면서 수렴성이 있는 샴푸를 사용해야 모발이 매끄러워진다.

#### (2) 건성 모발용 샴푸

건성 모발은 모피질 내의 단백질, 아미노산 등이 부족하여 모발이 건조해지고 손상된다. 오일이나 실리콘 등으로 코팅막을 형성하여 수분 손실을 지연시켜 보습 효과를 주는 세정제를 사용한다. 건성 모발용 샴푸로 자주 샴푸하면 더욱 건조 현상이 발생하므로 횟수를 줄이면서 사용하고 머리를 감는다. 뜨거운 물은 머리카락을 더욱 건조해지게 하므로 미지근한 물을 사용하는 것이 바람직하다.

머릿결은 가늘고 힘이 없는 경우가 대부분이므로 지성 두피에 비해 쉽게 잦은 드라이나 열기구 등의 사용, 강한 자외선 등에 노출된다면 비타민 E, 비타민 C, 단백질 성분이 손상되어 머리카락이 푸석거리고 끝이 갈라진다. 드라이를 가까이 사용하면 모발이 가수분해 현상을 일으켜 모발의 케라틴이 손상된다. 일주일에 한번 정도 머리에 트리트먼트제를 바르고 충분히 영양을 주는 것이 바람직하다.

#### (3) 염색 모발용 샴푸

화학 시술로 인해 모발이 거칠고 윤기 없는 이유는 수분과 영양이 부족해져서 모표피가 손상되고 내부의 단백질이 흘러나오기 때문이다. 염색이나 펌을 시술한 두발은 pH가 낮은 산성제품을 사용해야 일반 샴푸보다 탈색의 정도가 낮아진다.

## 2. 린스와 트리트먼트에 대한 이해

### 1) 린스의 목적

린스rinse는 본래 '헹구다, 씻는다'는 의미로 모발 표면의 끝마무리 상태를 부드럽게 보완시켜주며 윤기, 촉감 증진, 마무리 감촉의 향상, 보습성과 유연 효과, 손질 용이성, 손상모 회복, 광택과 빗질을 용이하게 해주고 모발을 세척한 후 정전기를 막아주는 역할을 한다.

## 2) 린스제의 종류

### (1) 산성 린스제

산성 린스제acid rinse는 지금과 같은 샴푸제가 아니라 과거에 비누로 세발할 때에 비누에 의해 생성되는 물속의 칼슘이나 마그네슘 등과 같이 불용성의 금속성 비누 성분이 모발에 남아 있을 때 이것을 제거하기 위한 목적으로 사용되었다. 또한 비누는 알칼리성이기 때문에 알칼리를 중화시켜 모발의 손상을 방지하는 목적도 있었다. 지금은 펌제의 처리 후 중간 단계에서 알칼리 성분을 중화시키기 위해 사용되며 펌 2제 작용을 높여주는 작용도 하면서 중화한 후 모발의 잔류 알칼리 성분을 제거하여 모발의 손상도를 덜어주는 작용이 있다.

산성 린스제는 구연산, 주석산, 인산 등 유기산 외에 양이온 계면활성제나 양이온 고분자 등을 가하여 알칼리의 중화 이외의 효과도 지닌 것도 있으며 냄새가 없고 비교적 피부에 대해서 저자극 반응이다. 또한 염모제나 블리치를 한 후의 린스에도 사용된다. 산성린스제에는 표백작용이 있으므로 장시간의 사용을 피해야 한다.

### (2) 오일린스제와 크림린스제

오일린스제나 크림린스제는 합성세제로 세발한 후 잃어버린 유분성분을 보급하는 목적을 가지고 있다. 오일린스제나 크림린스제는 양이온 계면활성제나 유성성분이 주성분인데, 각 제품의 성분이 크게 다르지 않으며 계면활성제에 의해 유성성분을 가용화시켜 투명액상으로 만든 것이다. 어느 것이나 유성성분이 가용화, 유화되어 있으므로 고르게 린스 효과를 얻을 수 있다. 샴푸한 후의 모발에 유분을 보급하여 광택과 유연성을 주고 촉촉한 느낌을 주므로 적당한 습기를 유지할 수 있는 모발을 만들어준다.

### (3) 컨디셔닝린스제

현재 사용하고 있는 린스제이다. 양이온 계면활성제를 주성분으로 하여 대전방지 효과가 있으며 빗질이 잘 되게 하는 목적으로 사용되고 모발에 유분과 수분을 보충하여 헤어 컨디셔닝conditioning 효과까지 함께 지닌다. 단독으로 두발의 보호를 위한 컨디셔닝으로 사용하는 린스제도 있다.

컨디셔닝린스제로 주로 사용되는 유성성분으로는 스쿠알렌, 라놀린, 고급 알코올 등이 있으며 모발보습제로 사용되는 다른 성분으로는 글리세린glycerin, 피롤리돈카르본산나트륨, 프로필렌글리콜propylene glycol, 폴리에틸렌글리콜polyethylene glycol, 아미노산 등이 사용된다. 손상모발 회복제로 주로 사용되는 성분으로는 토코페롤tocopherol, 폴리펩티드

polypeptide, 레시틴 등이 있으며 유성성분은 양이온 계면활성제와 함께 모발을 약산성인 유성막으로 덮어 정전기 발생을 방지해주고 빗질이 잘 되도록 하며 건조를 방지해주는 역할을 한다. 보습제는 모발이 수분을 지니도록 하여 유연하고 촉촉한 감촉을 준다. 폴리펩티드는 모발의 손상 정도가 클수록 잘 흡수되어 모발에 유연성을 주고 광택을 개선해준다.

#### (4) 비듬제거린스제

린스제에 비듬제거 효과가 있는 약제를 배합한 것이다. 비듬의 원인은 여러 가지가 있지만 두피의 노화각질과 산화분해물, 세균 번식, 두피 건조 등에 의해서 생기는 것이다. 각질용해제, 피지 분비를 억제하는 비타민류, 살균제, 세포부활작용이 있는 성분이나 두피의 건조를 막고 촉촉하게 하기 위한 습윤제 등이 배합되어 비듬의 생성 및 발전을 막는다. 린스제에 이러한 비듬제거 유효성분을 배합하면 두피에 유효성분이 잔류하기 때문에 비듬억제 효과가 증대할 수 있으며 비듬제거샴푸제와 병용하면 더욱 효과적이다.

### 3) 트리트먼트의 목적

트리트먼트treatment는 '치료, 처리'라는 의미가 있고 손상된 모발의 수분과 단백질 등이 소실되는 것을 막아주며, 건강한 모발도 계속적으로 수분과 유분의 공급 및 광택과 유연성을 유지시키도록 하는 것이 목적이다.

모발 손상을 받게 되는 원인을 크게 3가지 정도로 나눠볼 수 있다. 화학적·물리적·환경적 원인에 의한 모발의 손상을 들 수 있는데, 트리트먼트는 모발을 치유하는 것이 아니라 지속적인 관리의 개념으로 생각하여 미리 손상을 방지하고 아름다운 모발을 유지하기 위해 수분과 유분을 공급하고 광택 및 유연성을 유지시켜줘야 한다.

### 4) 헤어트리트먼트의 종류

헤어트리트먼트제는 사용목적, 사용방법, 형태에 따라 몇 가지 종류로 분류한다.

#### (1) 사용목적에 따른 분류

펌이나 염색을 시술할 때 손상부에 도포하여 모발을 보호하기 위해 프레트리트먼트제나 애프터트리트먼트 타입이 사용된다. 평상시에는 모발의 건강을 유지해주고 손상을 예방하기 위한 트리트먼트제, 손상모의 진행을 방지하고 모발을 회복시키는 트리트먼트제, 자외선에 의한 모발 손상을 방지하기 위한 자외선 흡수제 등을 배합한 트리트먼제 등이 있다.

### (2) 사용방법에 따른 분류

모발을 헹궈내는 타입의 트리트먼트제는 손상모의 회복이나 손상 방지에 알맞으며 헹궈내지 않는 트리트먼트제는 모발이 손상되기 전 예방 목적으로 보통 머리 손질에 사용된다.

### (3) 형태에 따른 분류

**① 크림 타입 트리트먼트** 헤어 트리트먼트제가 가장 넓게 사용되고 있으며 모발의 손상 정도에 따라 영양성분을 공급하여 사용하는 것으로 유성성분, 습윤제 등을 배합한 것이다. 사용한 후에는 모발에 유분이나 수분을 보급하고 건조를 막으며 광택을 주고 유연하게 하여 촉촉하게 유지시켜준다. 손상모에만 사용하지 않고 건강모가 손상되기 전에 보호하여 아름다운 모발을 유지하는 데 주로 사용되고 있는 헤어 트리트먼트제이다.

**② 스프레이 타입 트리트먼트** 액체 내용물을 분사시키는 타입과 에어로졸aerosol 가스의 압력으로 분사하는 타입이 주로 사용되고 있다. 이런 타입은 손쉽게 사용할 수 있는 편리함이 있기 때문에 최근에 급격하게 사용량이 늘어나서 가정에서도 폭넓게 사용되고 있다. 이런 종류에는 물로 씻어내지 않은 제품들이 많으며 모발에 뿌리고 마무리 용도로 사용되고 있다. 모발에 유분을 보급하여 광택을 주고 빗질을 잘 되도록 하면서 마찰과 정전기를 최대한 줄여주며 양이온성 계면활성제들이 다량 함유되어 있다.

**③ 젤 타입 트리트먼트** 약한 모발에 힘이나 탄력을 주기 위한 것으로 건조하고 광택이 없는 모발에 유분을 보급한다. 특히 손상된 웨이브 모발에 사용하면 고농축 유성성분들이 함유되어 있어 모발이 갈라진 부분을 회복시켜주고 손상이 심해지는 것을 미리 예방한다. 외관은 투명하거나 반투명하며 일부 점액상태인 것도 있다.

## 5) 트리트먼트제품의 사용방법

트리트먼트제는 손상된 머리에 영양분을 공급해주고 머릿결을 보호해주는 역할을 하며 모발이 건강한 사람이라면 1주일에 한 번 정도로도 적당하고 머리 손상이 심할 때는 매일 사용하는 것이 좋다. 트리트먼트제를 바를 때는 머리끝부터 시작해서 두피까지 전체

표1 린스와 트리트먼트의 차이

| 구분 | 린스 | 트리트먼트 |
|---|---|---|
| 상용 효과 | • 모발의 정전기 방지 효과<br>• 알칼리화가 된 모발을 중화<br>• 모발의 부드러움, 매끄러움 등 일시적 인 효과 | • 린스의 일반적인 기능 강화<br>• 모발의 부드러움, 매끄러움 증가<br>• 모발의 손상 복구 및 손상 방지 |
| 지속성 | 하루 | 3~4일 |
| 누적 효과 | 일시적 효과 | 잦은 사용 시에는 누적 효과 증대함 |
| 메커니즘 | • 모발 표면에 얇은 막 형성<br>• 모발 표면에서만 작용 | • 모발 손상 부위에서 흡수됨, 모발을 보수함<br>• 모발 흡착으로 손상 방지, 예방<br>• 모발 표면을 코팅하여 보호막 형성 |
| 구성성분 | 모발 유연제, 보습제 | 모발 영양성분, 단백질, 아미노산, 비타민, 실리콘 |
| 사용방법 | 샴푸한 후 1분 정도 방치한 다음 씻어냄 | 샴푸한 후 5~10분 방치한 다음 씻어냄 |

적으로 스며들도록 한다. 랩이나 헤어팩을 하고 10~15분 후에 깨끗이 헹구어 모발을 건강하고 부드럽게 유지해준다. 지성 두피인 사람은 트리트먼트 제품이 두피에 너무 가깝게 닿지 않도록 하는 것이 좋다.

### 6) 린스와 트리트먼트의 차이점

모발의 트리트먼트는 화학적이나 물리적인 성질을 정상적으로 회복시키거나 손상을 근본적으로 완화시킨다고 정의할 수 있으며 린스는 일시적인 컨디셔닝 효과와 함께 부드럽게 해주는 것이라고 할 수 있다.

## 3. 샴푸의 테크닉과정

샴푸는 펌이나 염색 시술에서 중요한 역할을 한다. 또한 커트한 후 샴푸과정에서 고객의 편안함을 제공하는 서비스이기도 하다. 헤어 미용의 기본인 샴푸 테크닉이 헤어숍의 이미지를 전달하고 고객이 선호도를 결정하게 한다.

## 1) 샴푸 준비과정

고객에게 편안함을 제공하면서 순서에 입각하여 자연스럽게 진행하여야 한다.

첫째, 고객에게 가운을 착용하게 하고 고객의 옷이나 얼굴에 이물질이 묻지 않게 한다.
둘째, 목이나 얼굴을 감싸는 깨끗한 수건을 준비한다.
셋째, 두피 타입에 따라 샴푸, 린스, 트리트먼트제를 비치한다.
넷째, 두피 지압 보조 도구를 비치한다.
다섯째, 얼굴에 물이나 샴푸제품 등이 튀는 것을 방지하기 위해 얼굴을 커버할 수 있는 수건이나 마스크 캡을 준비한다.

## 2) 샴푸 마시지기법

샴푸 마시지는 두피에 자극을 주어 혈액순환을 개선시키고 모공 속에 쌓여 있는 노폐물과 모발에 붙어 있는 먼지나 화학물질들을 배출하고 영양공급을 해준다. 또한 신진대사가 원활해지고 머리가 상쾌해지며 한층 건강하고 찰랑거리는 머릿결을 얻을 수 있다. 두피를 자극하여 혈액순환을 돕고 얼굴의 피부 혈행도 좋아지며 부기 해소에도 긍정적인 역할을 한다.

샴푸 시술 시에는 손가락 끝으로 두피를 누르듯이 부드럽게 마사지 테크닉을 사용하여 아래에서 위로 유연하게 천천히 목과 어깨를 이완시킨다.

### (1) 경찰법

경찰법effleurage은 손바닥과 손가락 4개, 엄지 등을 이용하여 가볍게 문지르는 테크닉

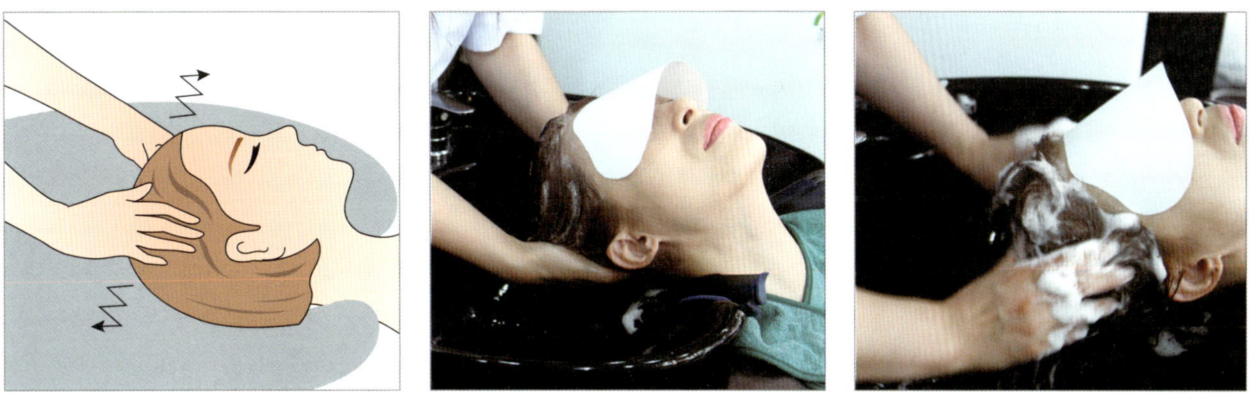

그림 1 경찰법

으로, 혈행 개선, 신경 완화, 유연성 강화, 신진대사 촉진, 긴장된 근육 안정 등 효과가 있다.

### (2) 유연법

유연법kneading은 손바닥이나 약지와 엄지를 이용하여 근육을 놓았다가 짚었다가 하면서 주물러 근육을 풀어준다. 노폐물 제거, 신진대사 촉진, 혈액순환 개선, 모근의 영양공급 등의 효과가 있다.

### (3) 압박법

압박법pressure은 손가락, 손바닥으로 압박하여 원을 그리듯이 전후좌우로 움직인다. 혈행을 촉진시켜 신경을 안정시키며, 혈액순환, 근육이완, 모근의 영양공급, 탈모 예방 등의 효과가 있다.

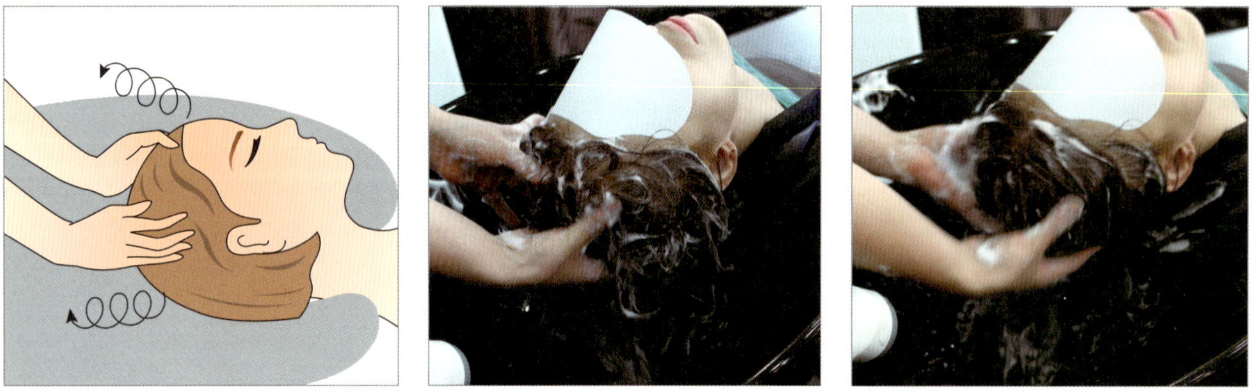

**그림 2** 유연법

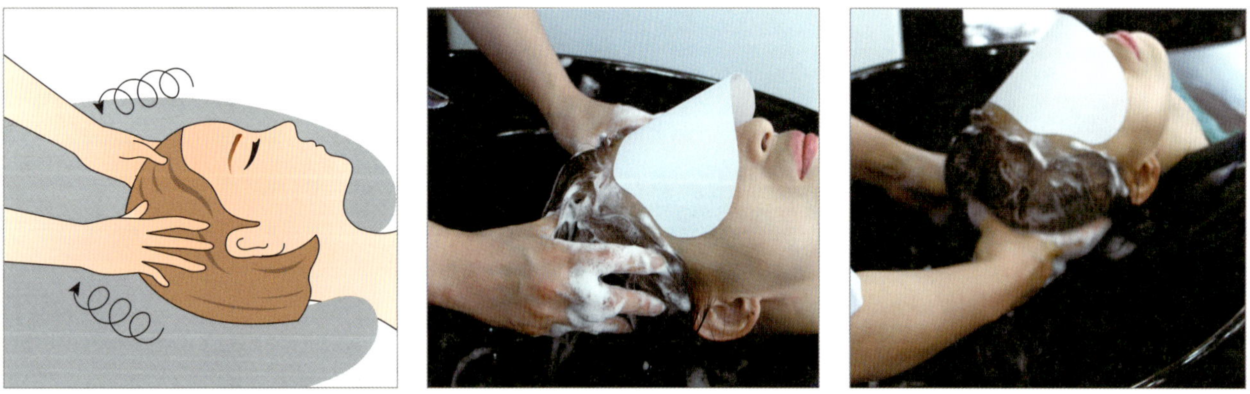

**그림 3** 압박법

### (4) 지압법

지압법은 양손 손가락을 모두 벌려서 지문을 이용하여 정수리의 백회혈부터 지그시 눌러서 마사지한다. 두피에는 무수히 많은 모세혈관이 있는데, 한방에서의 혈점을 자극하여 혈액순환과 영양 공급, 탈모 예방, 모근 강화 등의 효능이 있다.

### (5) 지그재그법

지그재그법Z-zagging은 양손의 엄지손가락을 사용하여 두피의 혈점인 신정에서 백회까지 지그재그로 교차하면서 가볍게 누르면서 일정한 템포로 진행한다.

### (6) 양손교차법

양손교차법alternation은 양손을 이용하는데 헤어라인에서 정수리까지 양손의 손가락을 교차하며 마사지한다.

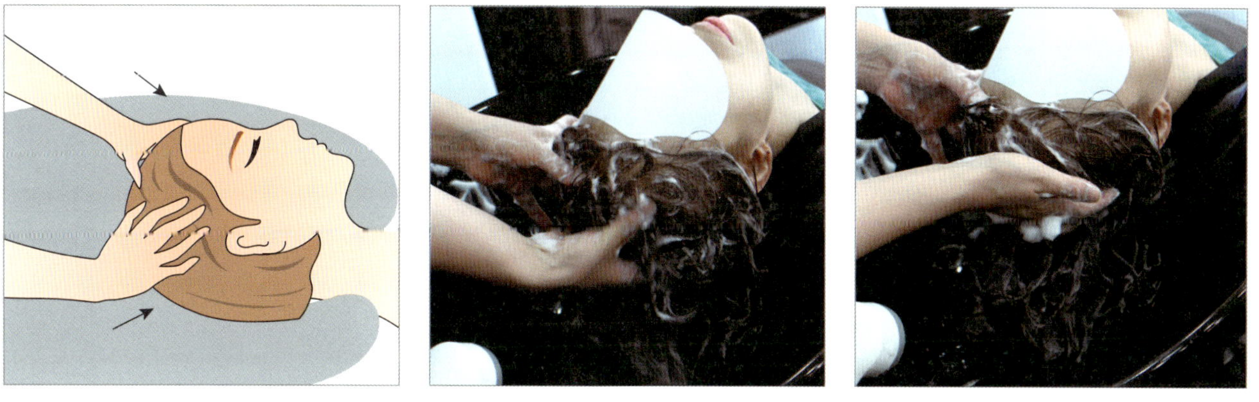

그림 4 지압법

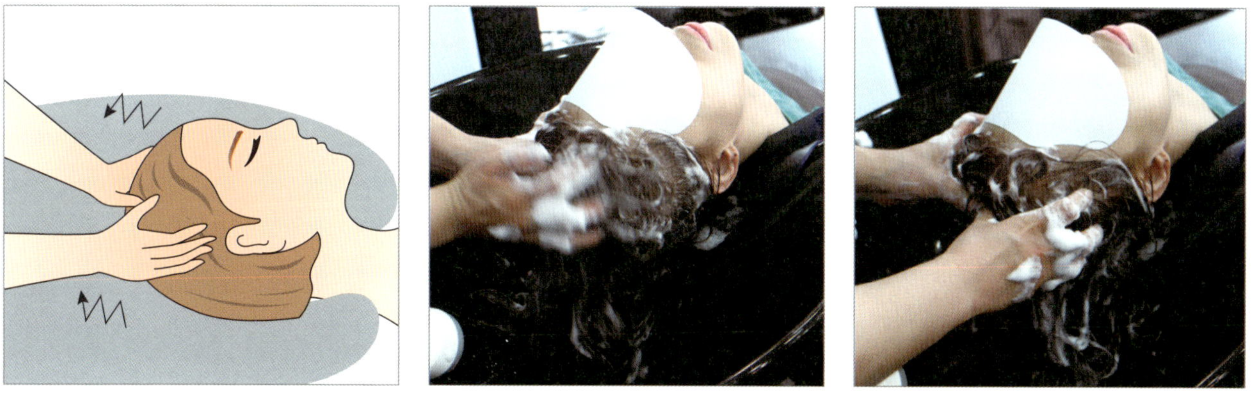

그림 5 지그재그법

### (7) 나선형법

나선형법spiraling은 손가락의 지문 부분을 둥글게 측면에서부터 이동하여 비비는 동작으로 두피에 힘이 생기고 단단해지게 된다.

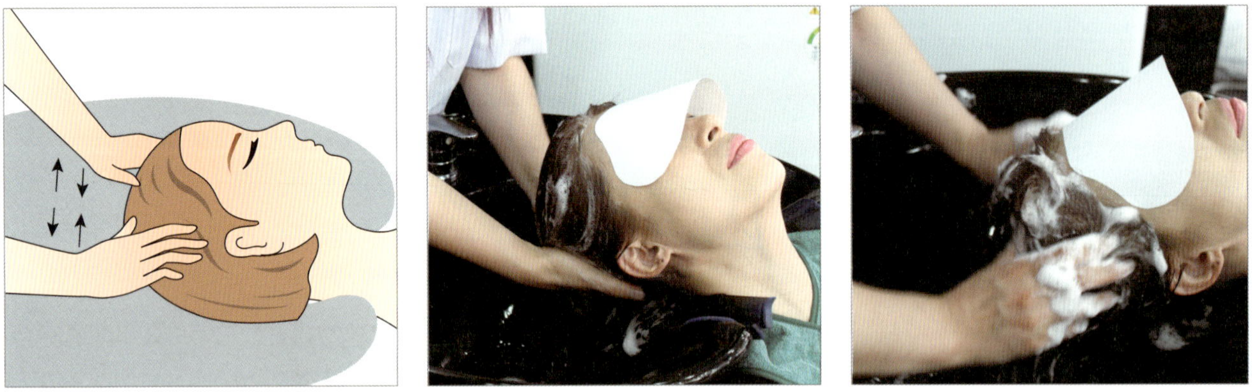

**그림 6** 양손교차법

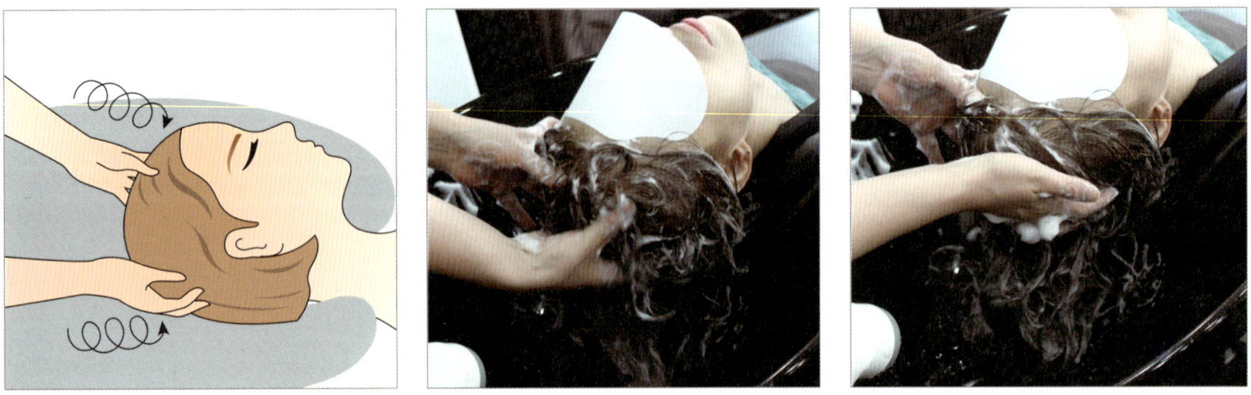

**그림 7** 나선형법

**그림 8** 집어 튕기는 법

### (8) 집어 튕기는 법

집어 튕기는 법pinching은 손가락을 이용하여 튕기면서 두피를 자극적으로 가볍게 치거나 두드리는 동작이다.

## 3) 샴푸 시술과정

시술 전에 목걸이나 귀걸이는 빼놓고 가운을 착용시키고 고객의 메이크업 상태를 잘 살펴 지워지지 않게 하며 몸이 불편한 곳은 없는지 알아보아야 한다.

### (1) 샴푸대 시술의 특징

① 두피의 먼지를 없애기 위해 청결하게 하고 샴푸 시술의 테크닉에 힘써야 한다.

② 샴푸를 시작할 때 두피를 충분히 적신 후 거품을 낸다.

③ 두피 속으로 샴푸를 도포하여 테크닉을 머리 위, 옆, 뒷머리의 순서대로 동작은 최대한 크게 전체적으로 움직여준다.

④ 머리카락이 걸렸을 경우에는 손을 잠시 멈추어 슬며시 빼준 다음 다시 시작하여 샴푸 시술을 원활하게 진행한다.

⑤ 두상은 둥글기 때문에 직선이 아닌 곡선으로 테크닉이 들어가면 많은 부위를 깨끗이 샴푸할 수 있다.

⑥ 샴푸 전 머리카락의 길을 터주고 테크닉을 시작해야 한다. 갑자기 테크닉을 시작하게 되면 머리카락이 엉키고 두피가 놀랄 수 있으니 머리카락의 길을 내주어 샴푸를 수월하게 할 수 있도록 도와준다.

⑦ 테크닉 시에 움직임이 많으면 머리가 흔들려 고객이 불편할 수 있다. 이때 손을 두피에 밀착시켜 샴푸를 하면 머리가 흔들리는 것을 완화시켜준다.

⑧ 헹구는 단계에서 정수리 부분을 충분히 세정하고 호스를 크게 움직여 고객이 샴푸 시술을 경험하는 동안 불편함을 느끼지 않게 한다.

⑨ 마사지를 할 때 지압을 강하게 하며 중간에 고객에게 문진을 하여 강도를 결정한다. 끝난 후 머리가 시원해지며 맑아지는 기분이 들게 한다. 고객이 물 온도와 감는 과정 등 전체적인 과정을 안정적이고 편안하게 느끼도록 노력한다.

### (2) 샴푸대 시술과정의 예시

샴푸대에서 고객에게 직접 시술하는 방법의 예는 다음과 같다. 각 과정은 자세하게 살펴보자.

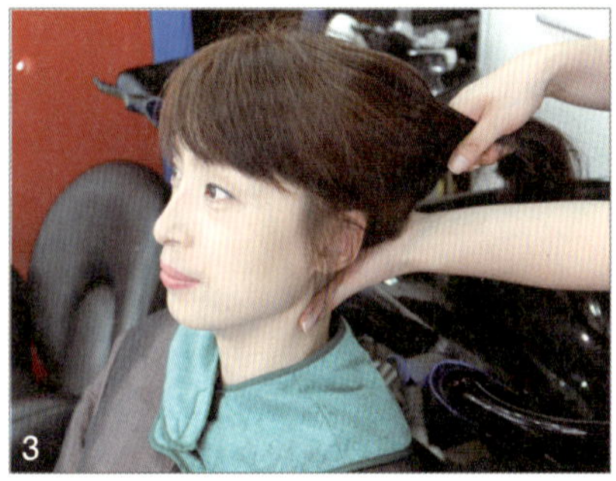


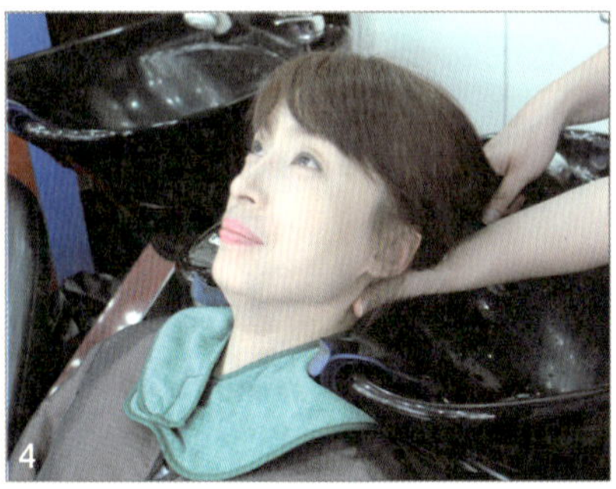


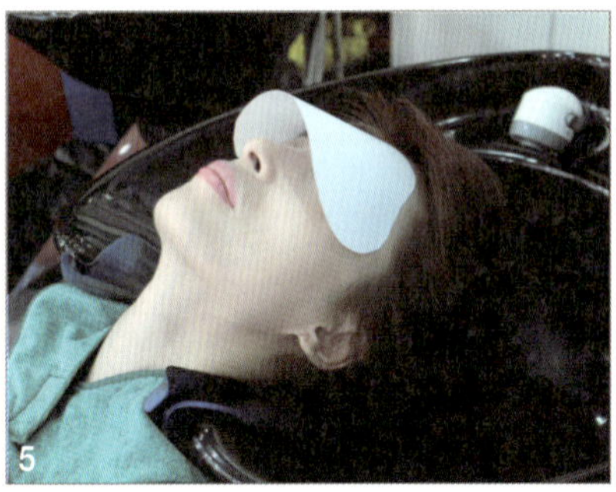

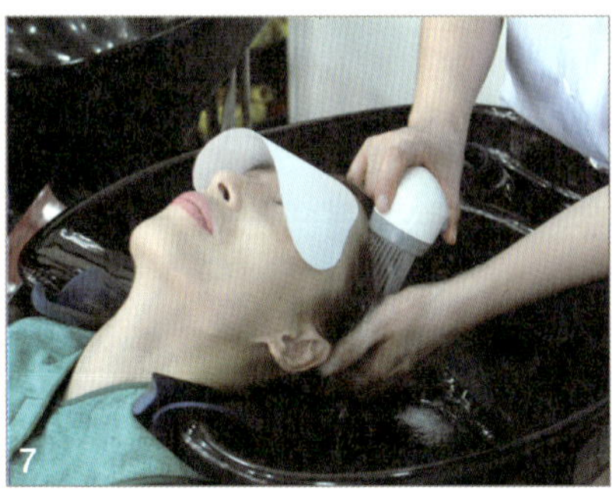


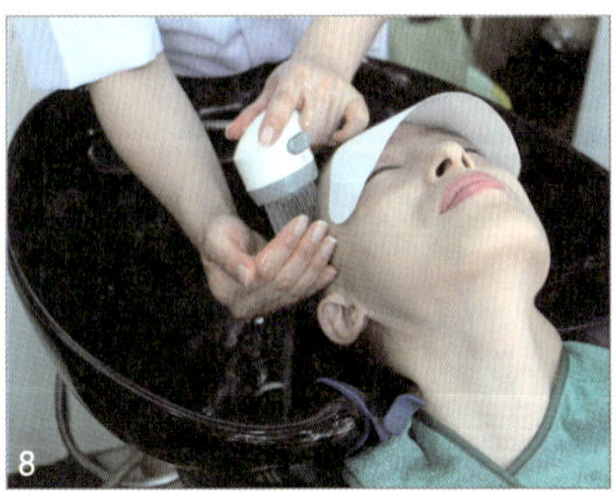


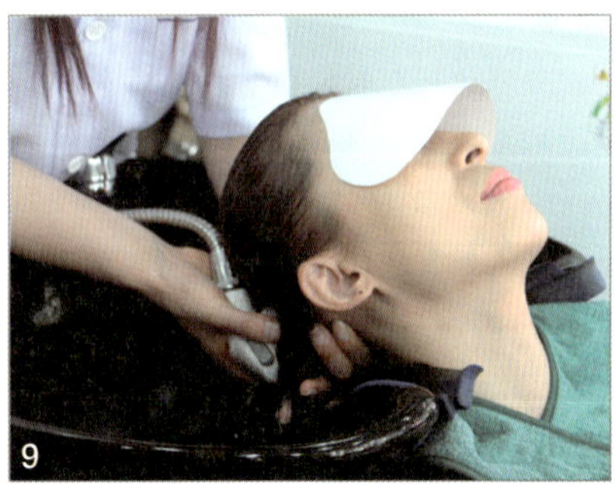

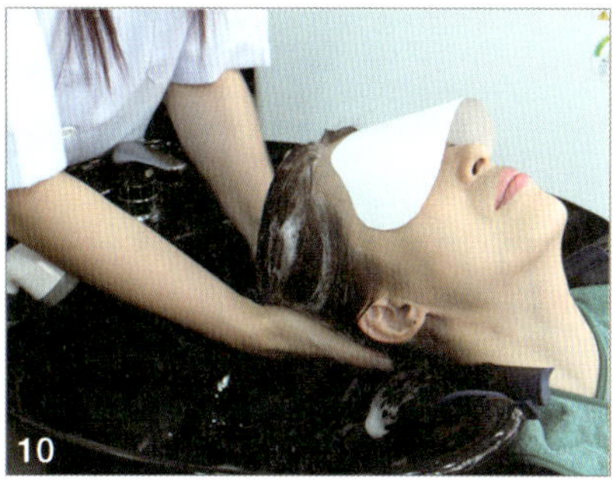
10

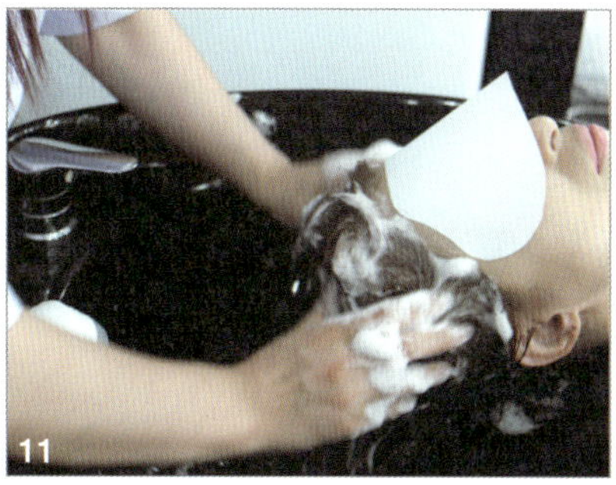
11

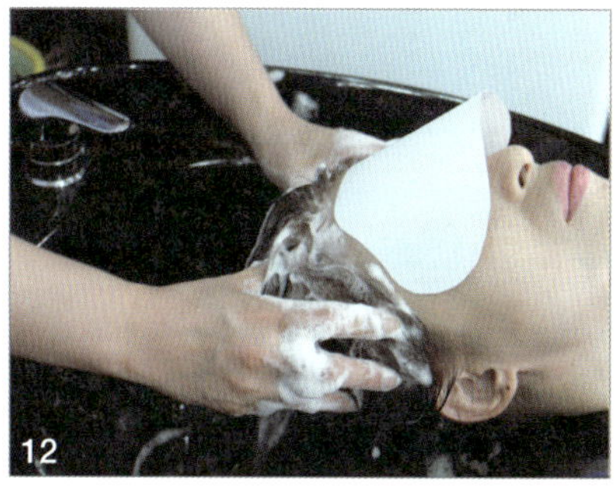
12

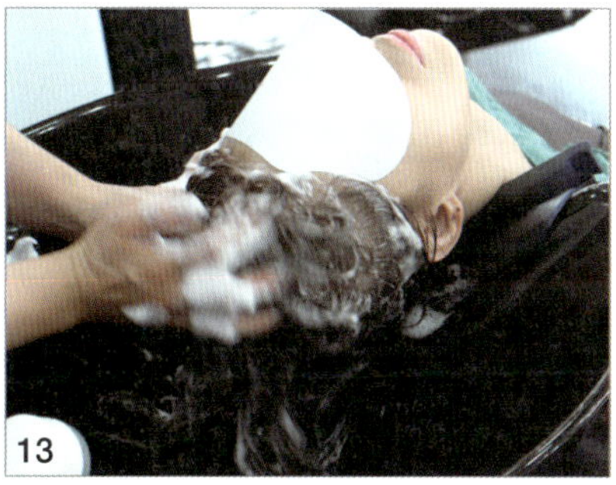
13

14

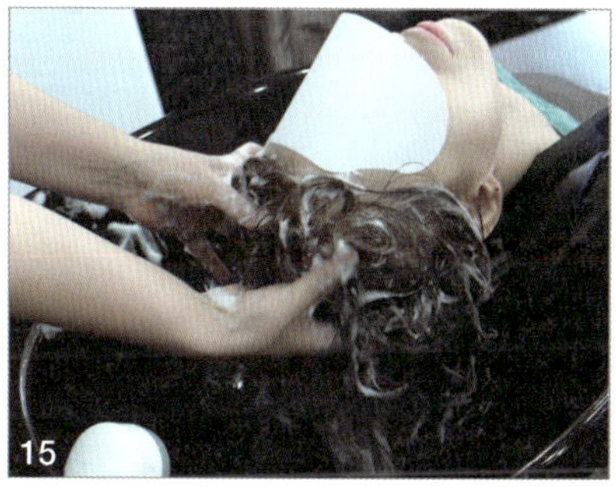
15

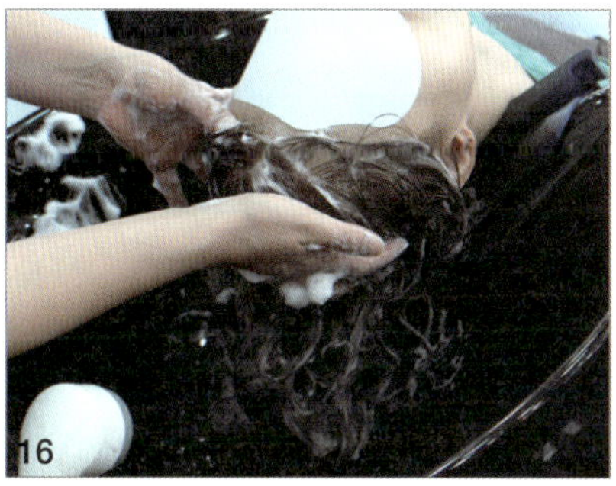
16

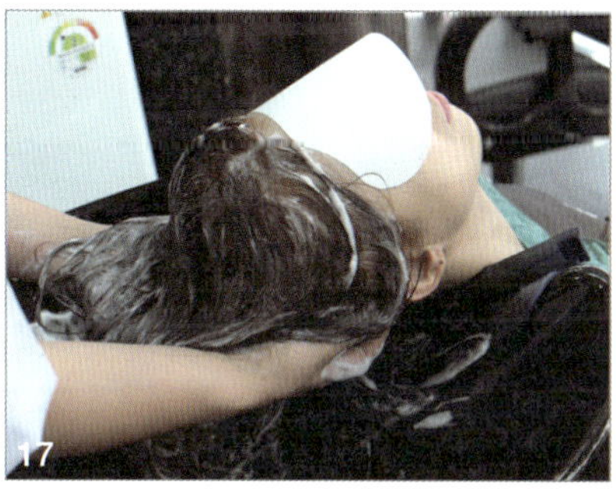
17

18

19

20

21

22

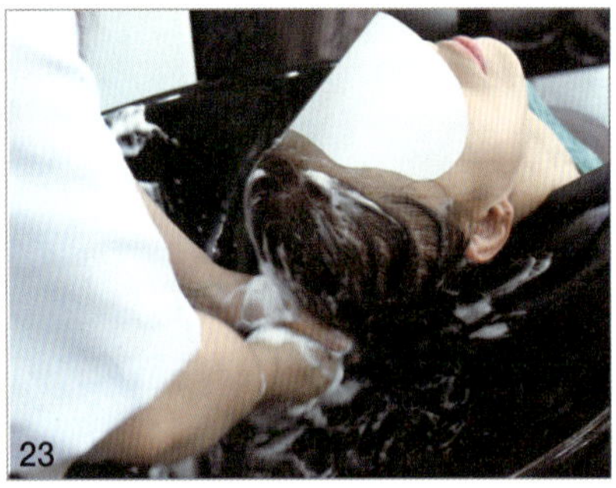
23

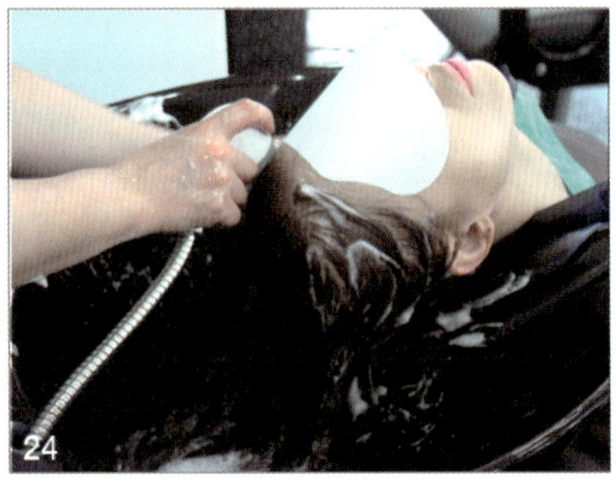
24

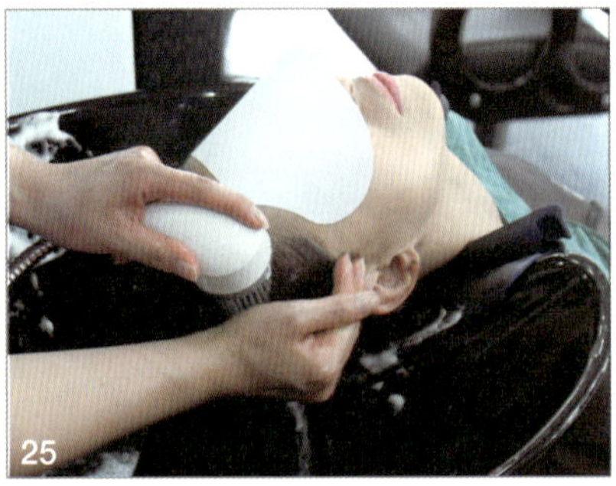
25

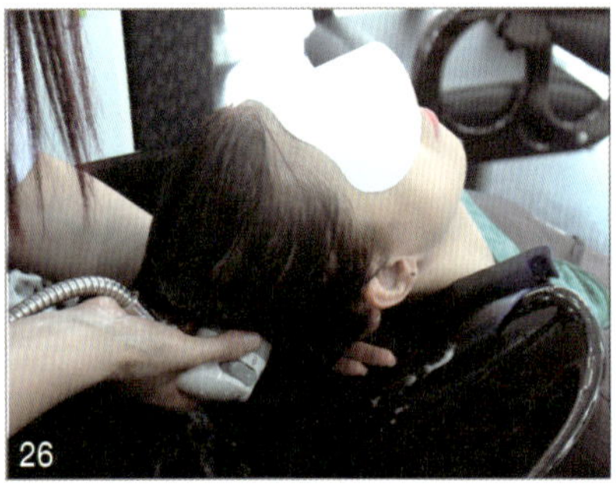
26

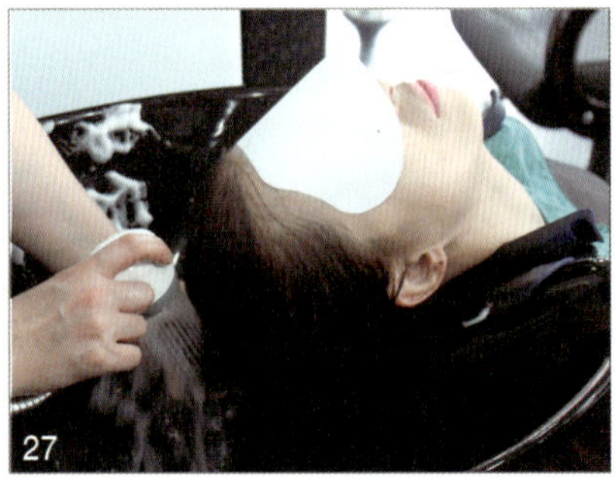
27

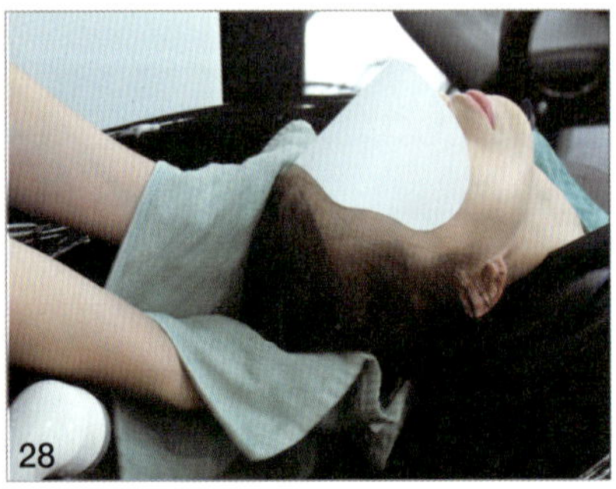
28

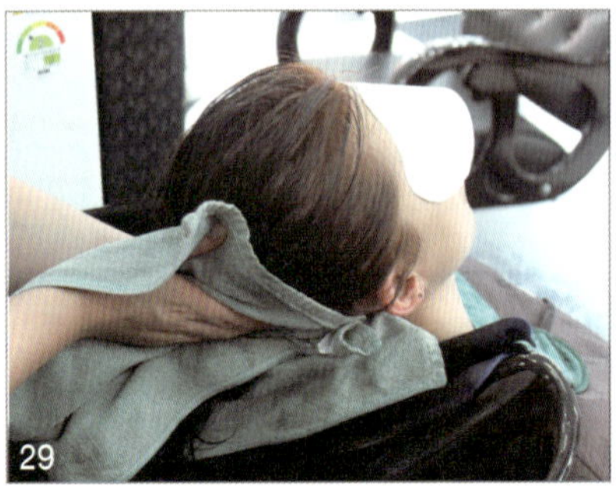
29

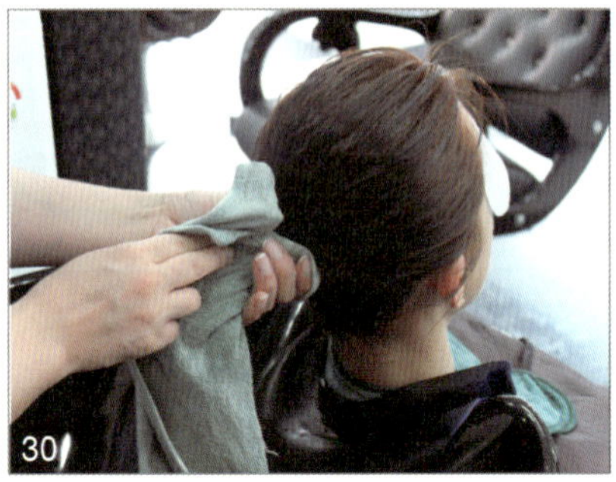
30

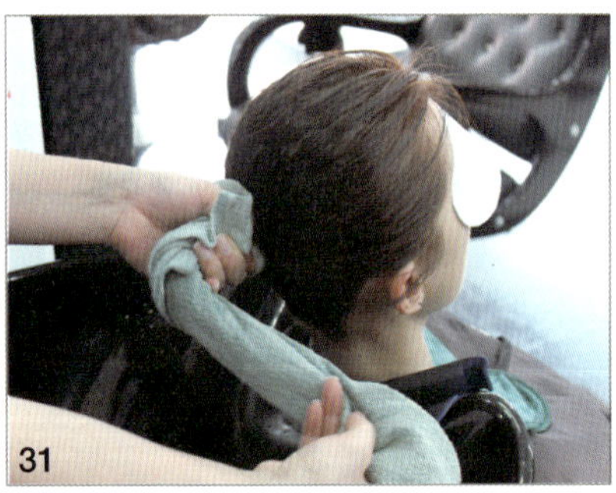
31

32

33

### (3) 샴푸 시술 시의 주의사항

샴푸 시술 시의 종합적인 주의사항은 다음과 같다.

① 두피에서부터 거품을 내어 먼지와 노폐물을 확실히 제거한다.

② 샴푸를 헹굴 때 매일 대충 헹구면 샴푸 잔여물이 두피나 모발에 남아 탈모로 진행되기 때문에 충분히 헹궈내는 것이 좋다

③ 물 온도를 정할 때는 손목에 물을 뿌려 온도를 잰 후에 물 온도가 적당한지 고객에게 확인한다.

④ 샴푸 시술 테크닉이 들어갈 때 머리카락에 있는 물이 얼굴로 튀지 않도록 주의한다.

⑤ 물로 손의 온도를 높인 다음 귀를 마사지해주면 긴장을 풀어지고 지압점을 잘 짚어주게 되어 고객의 머리가 맑아지는 느낌이 들게 된다.

⑥ 손이 닿지 않은 곳이 없도록 깨끗하고 시원하게 지압을 해주고 물로 깨끗이 헹군다.

⑦ 샴푸가 끝날 때쯤 목에 지압하여 누워 있을 때 목의 뻐근함을 풀어준다.

### (4) 좌식 샴푸 시술의 특징

좌식 샴푸 시술도 고객이 편안하게 팔이나 어깨에 힘이 들어가지 않은 상태에서 마사지할 수 있도록 의자에 앉기를 권하고 무릎이나 다리를 꼬지 않게 한 다음 시술자는 고객의 뒤에 선다.

① 손의 상태는 머리 위에 가볍게 올려놓고 손으로 모발을 가볍게 정돈한다.

② 어깨의 긴장을 많이 느끼는 곳을 부드럽게 문지른다. 승모근trapezius부터 시작하여 목 근육의 두판상근splenius capitis까지 마사지를 해준다.

③ 아로마가 첨가된 샴푸를 사용하며 두피에 조금씩 물과 함께 샴푸를 문지르면서 거품을 충분히 낸다.

④ 샴푸 시술 테크닉으로 두피를 시원하게 지압한다. 지그재그 마사지, 쓰다듬기, 집어 튕기기, 관자놀이 등의 지압 테크닉을 사용한다.

⑤ 후두부 아래와 목을 잡고 손목을 이용하여 회전하거나 지긋이 지압하여 근육을 풀어준다.

⑥ 샴푸대에서 물로 충분히 거품을 헹군다.

### (5) 좌식 샴푸 시술과정의 예시

좌식 샴푸대에서 고객에게 직접 시술하는 방법의 예는 다음과 같다. 샴푸대 시술과정과 어느 부분이 다른지 각 과정을 자세하게 살펴보자.

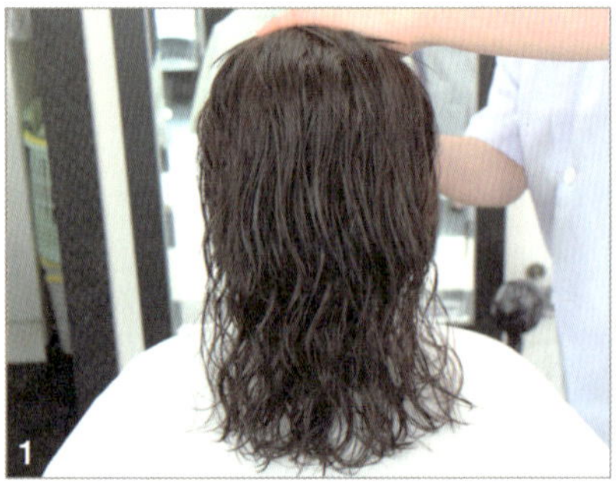
1

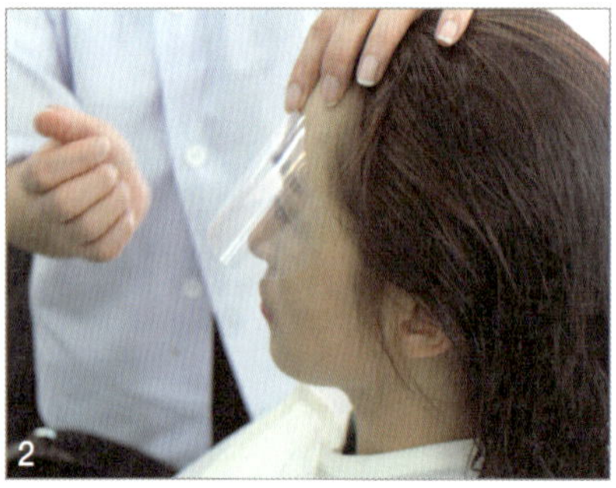
2

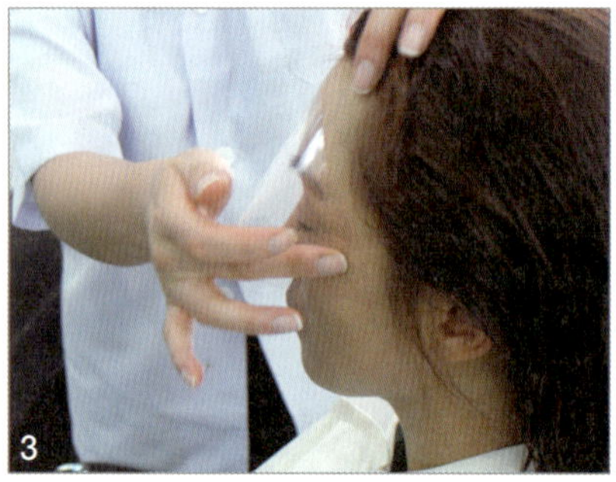
3

4

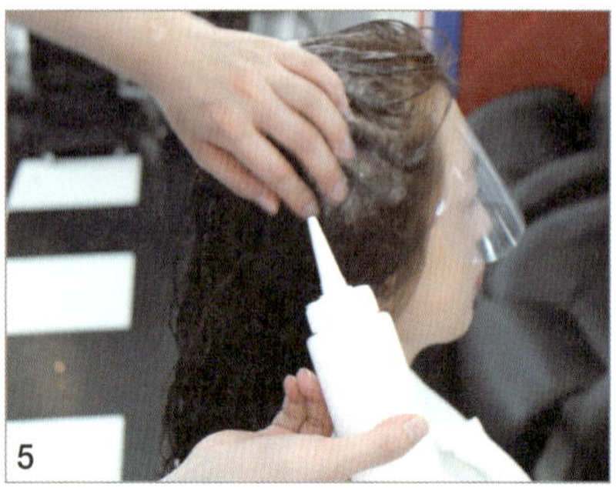
5

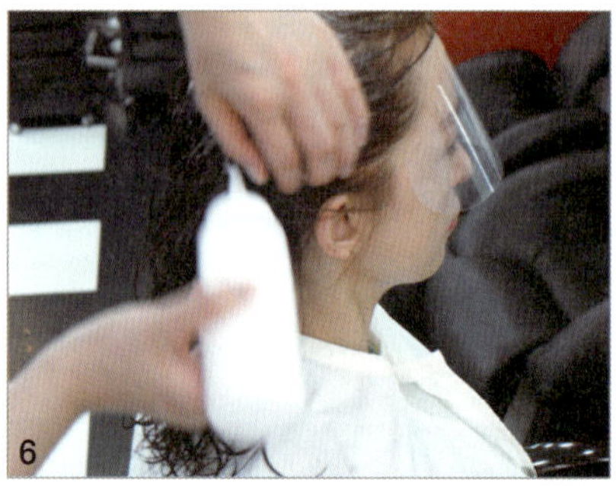
6

7

8

9

10

11

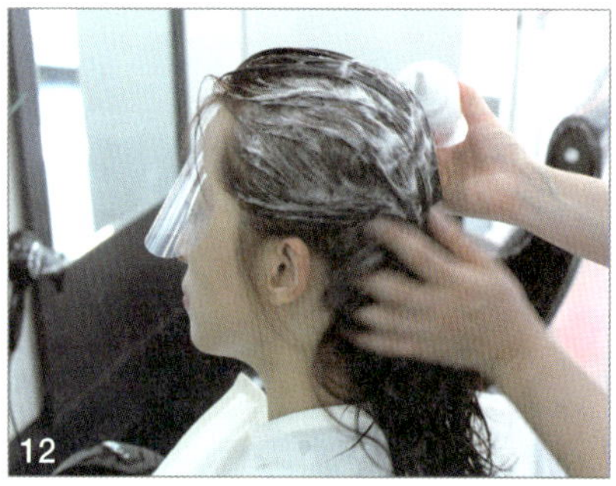
12

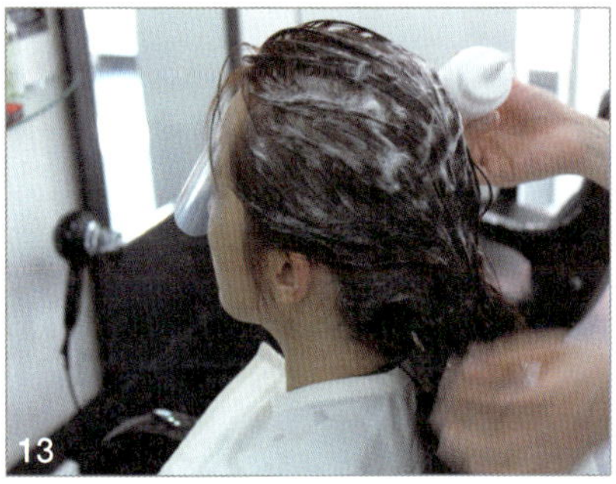
13

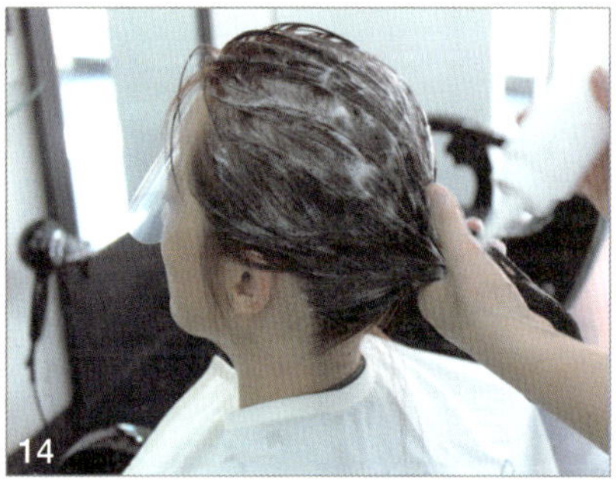
14

15

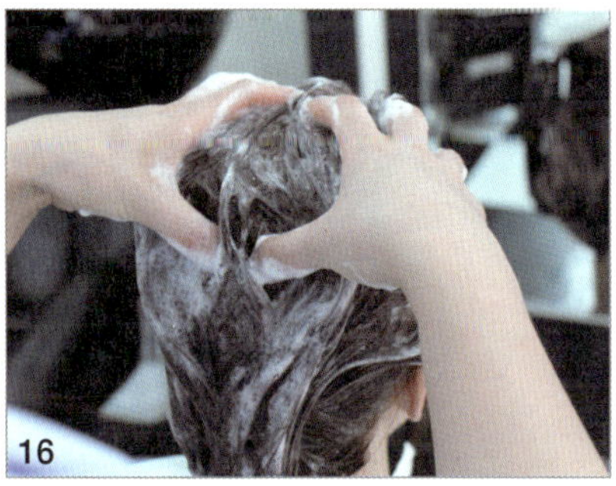
16

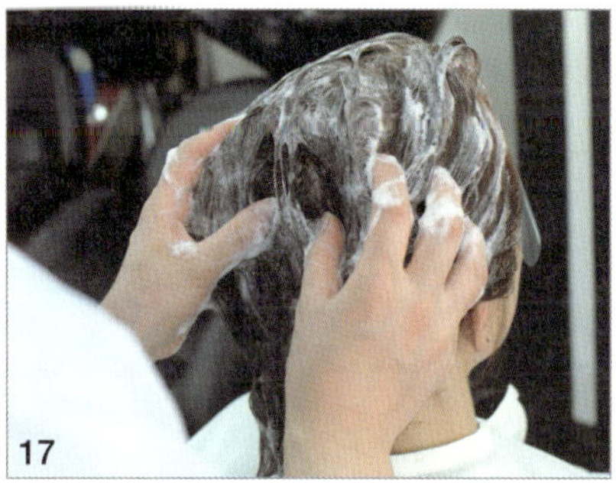
17

18

19

20

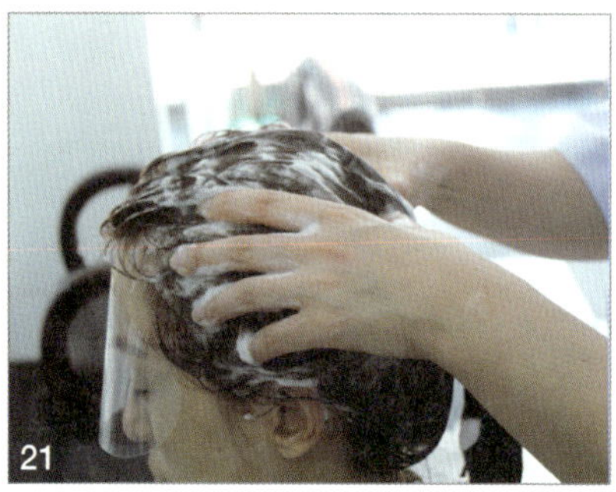
21

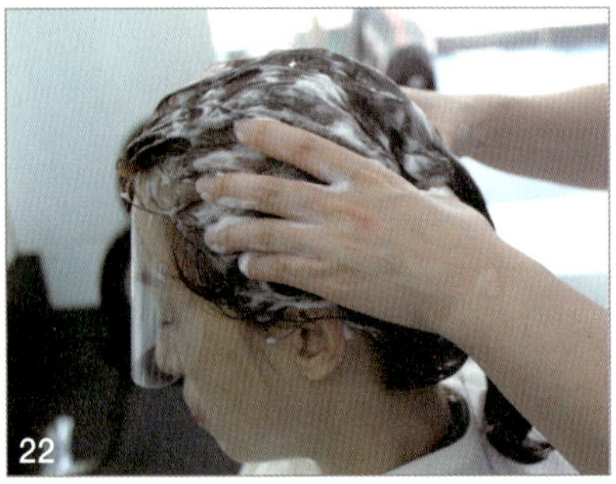

22

23

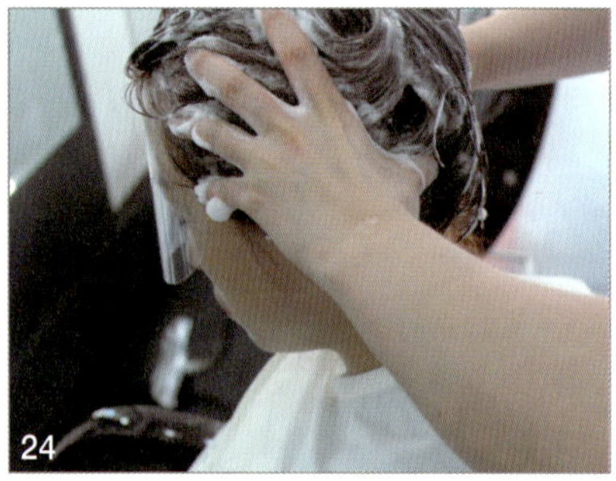

24

25

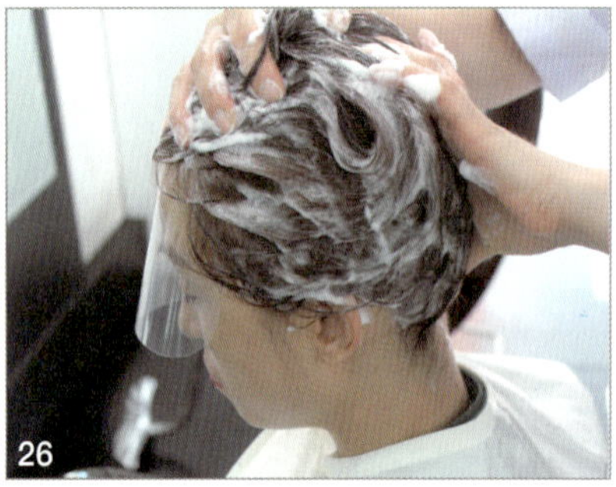

26

27

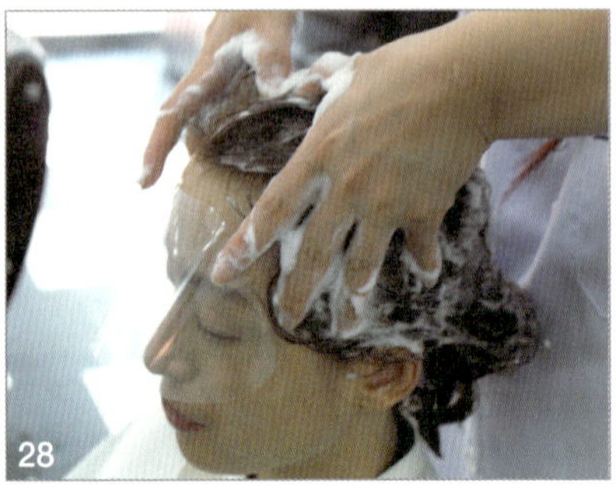

28

29

30

31

32

33

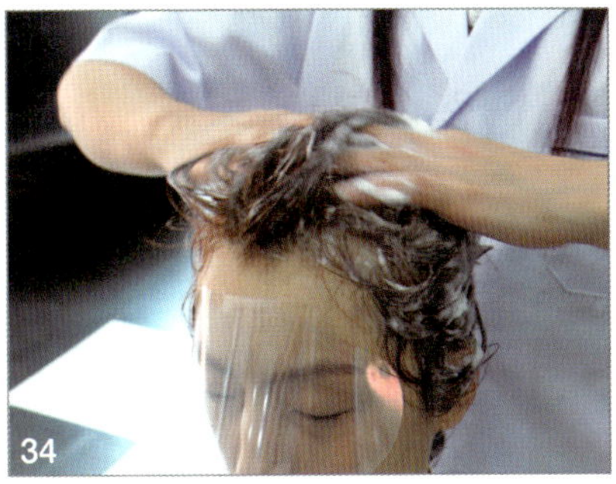
34

35

36

37

38

39

40

41

42

43

44

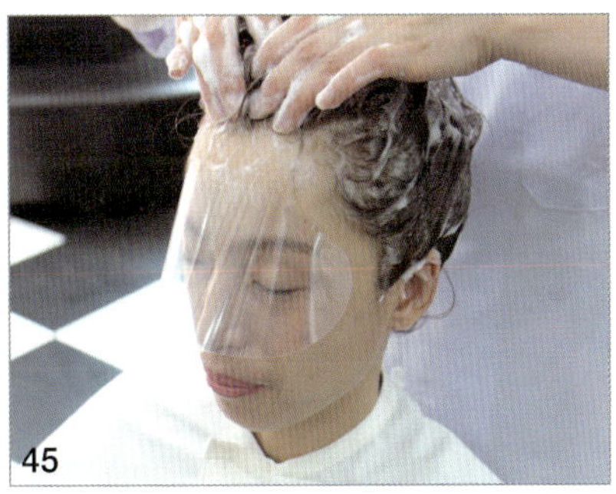
45

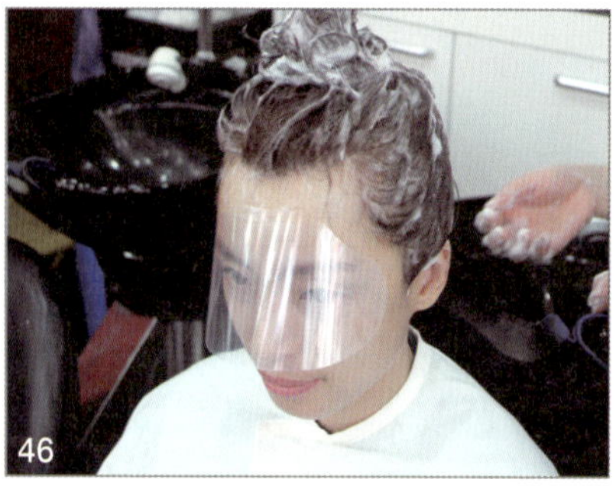
46

47

48

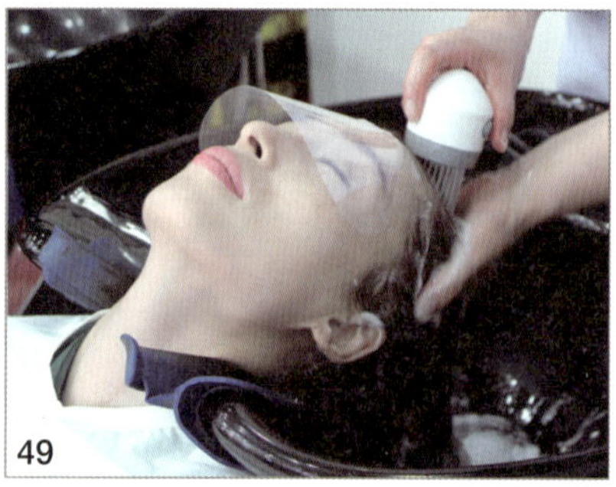
49

50

51

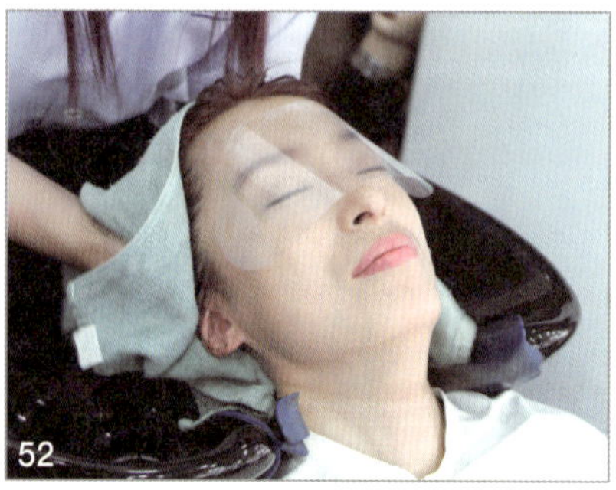
52

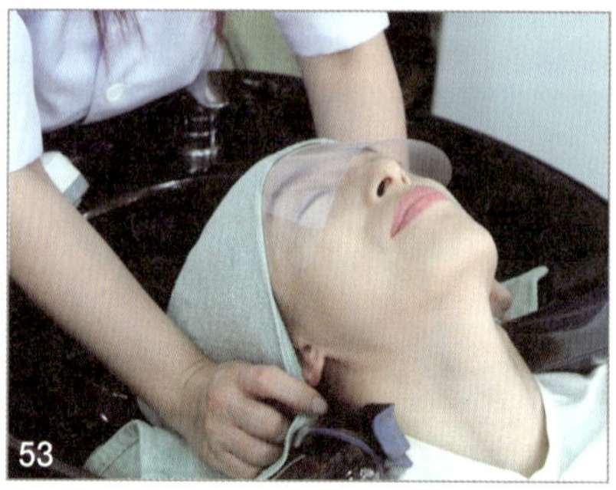
53

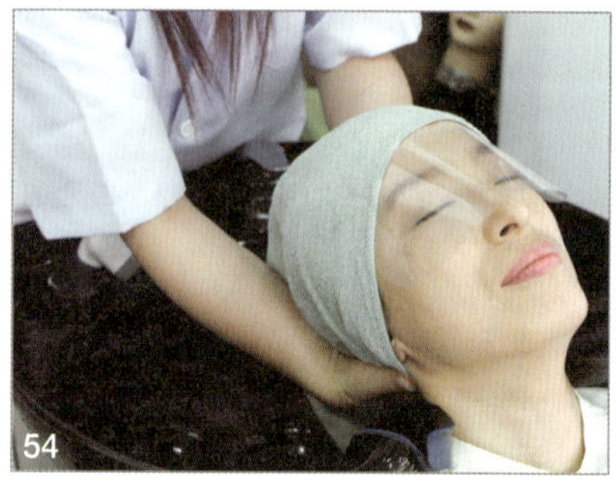
54

55

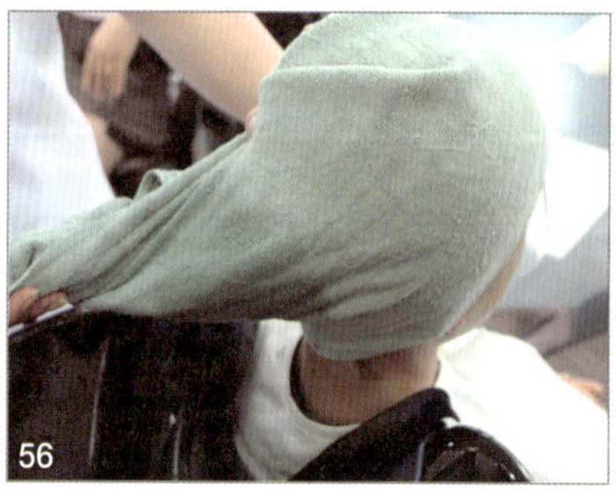
56

57

58

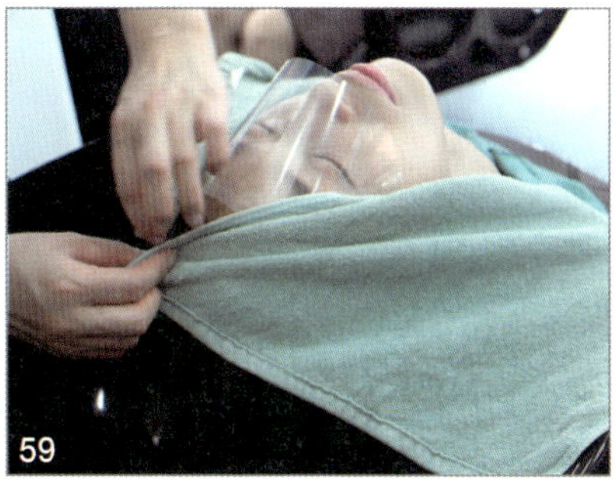
59

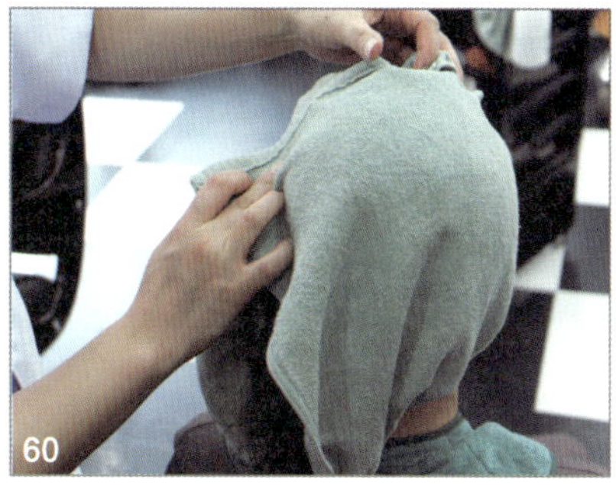
60

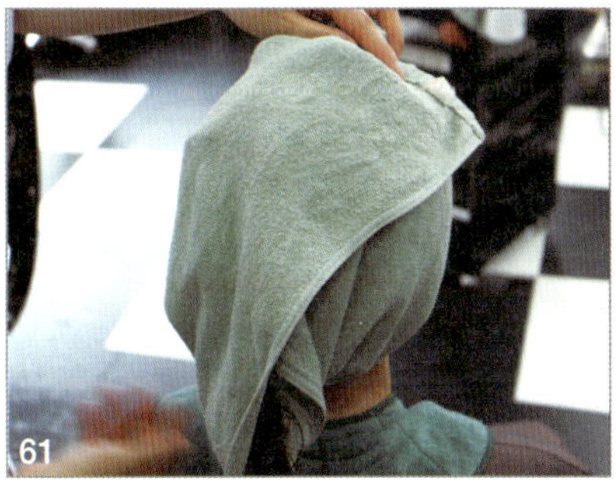
61

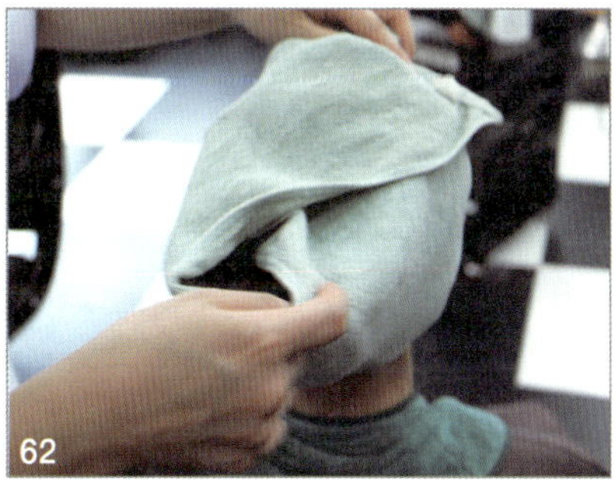
62

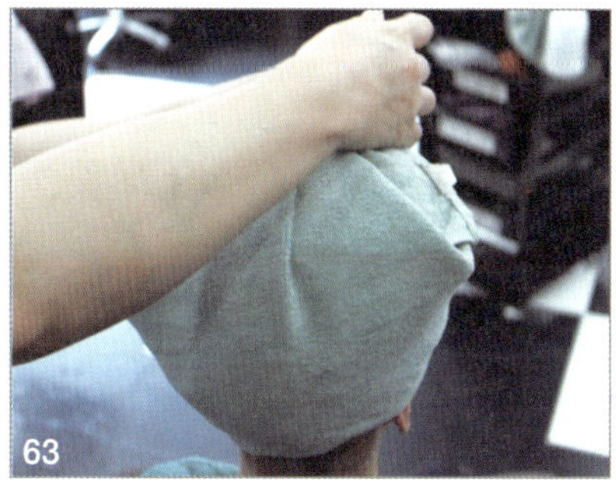
63

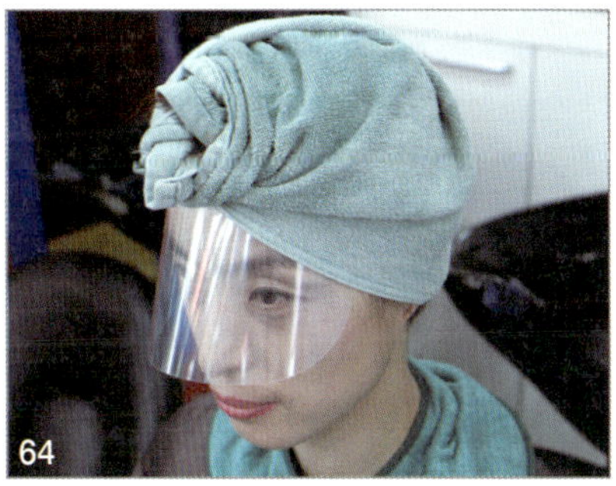
64

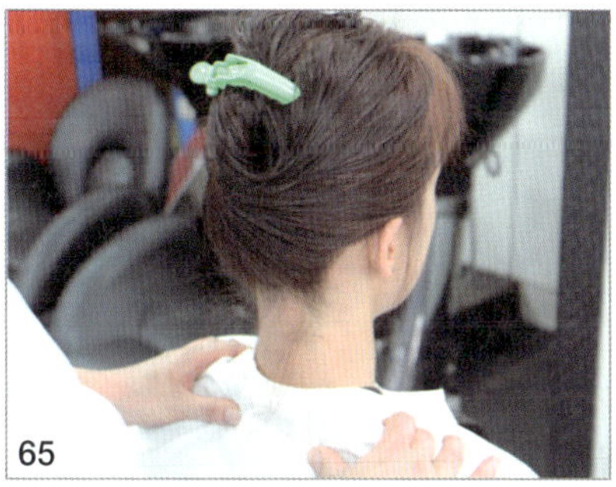
65

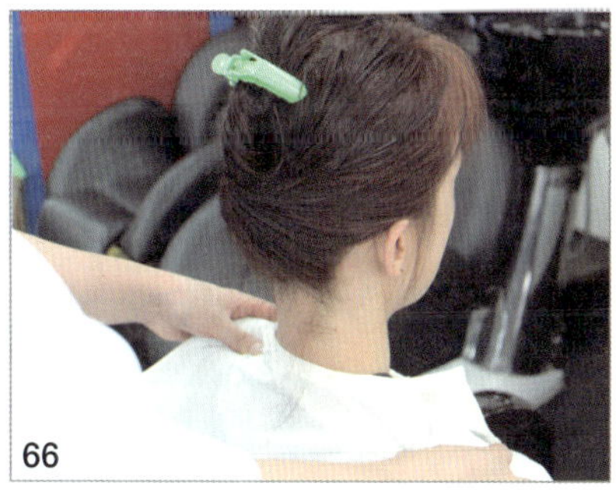
66

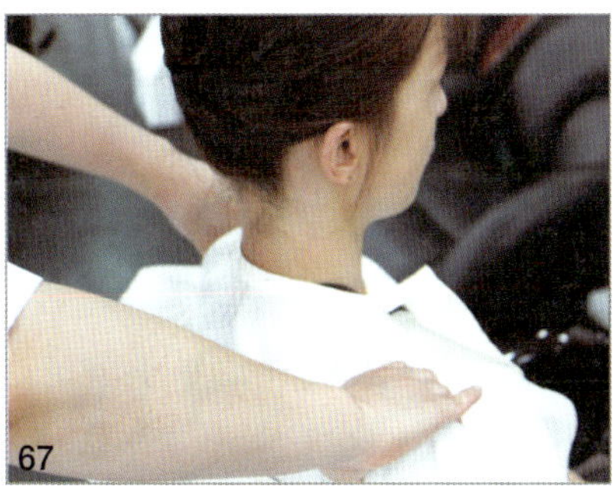
67

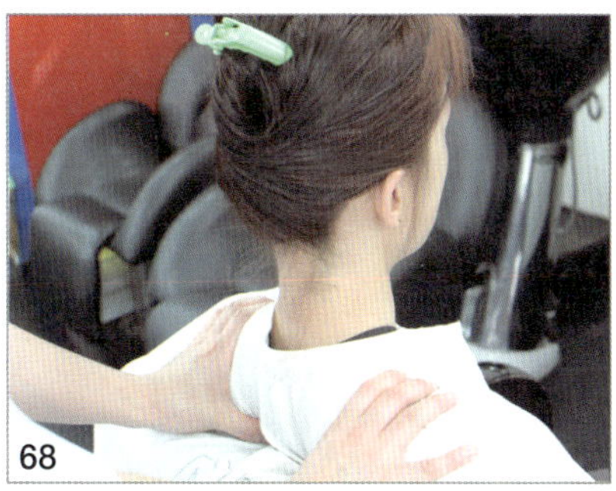
68

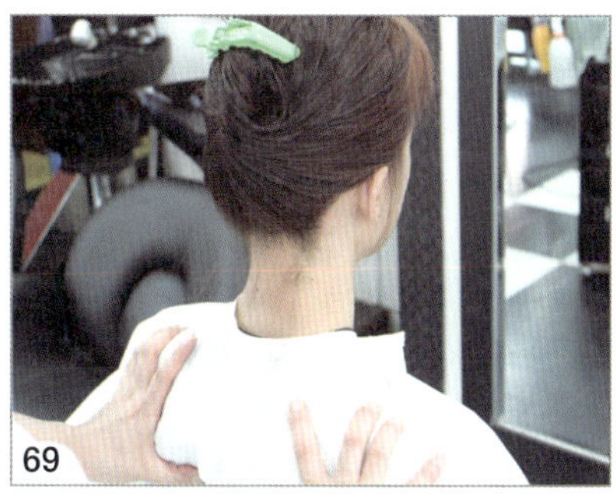
69

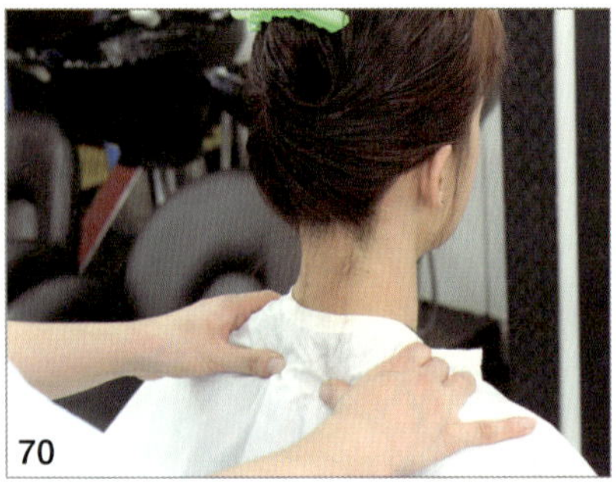
70

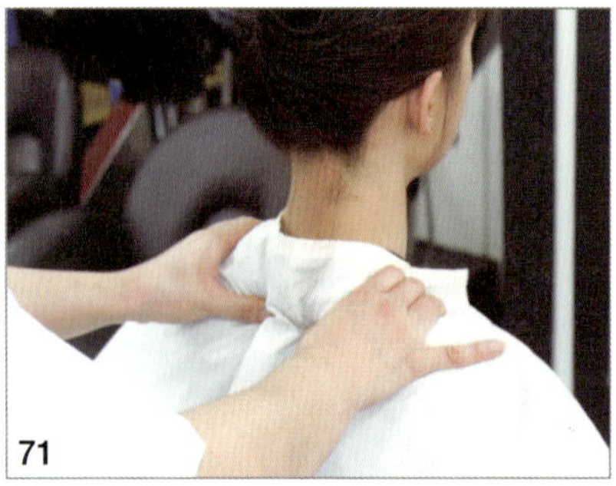
71

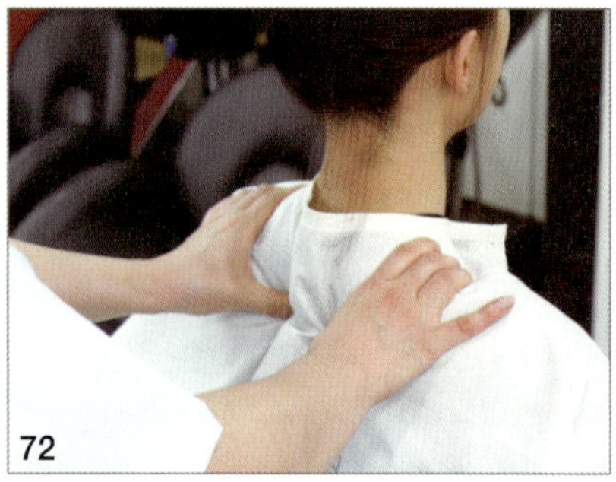
72

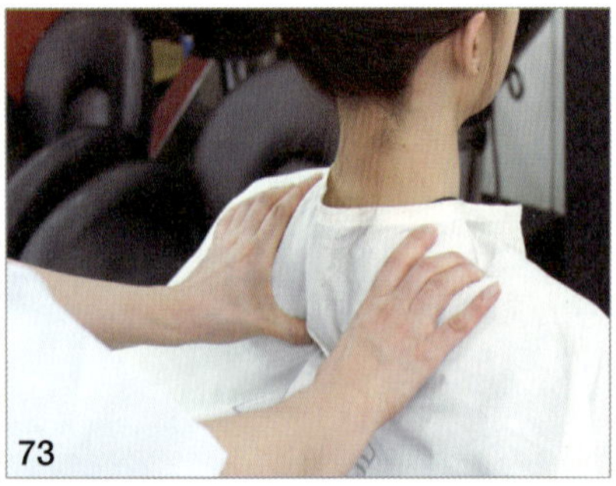
73

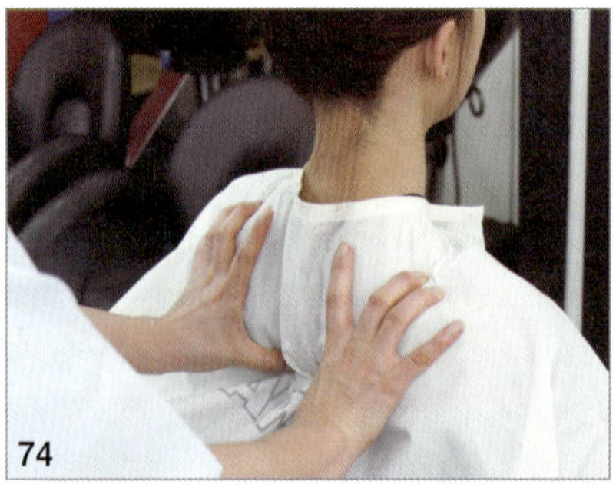
74

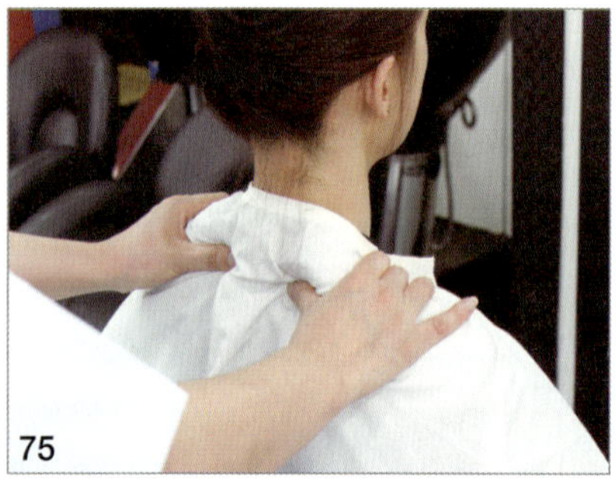
75

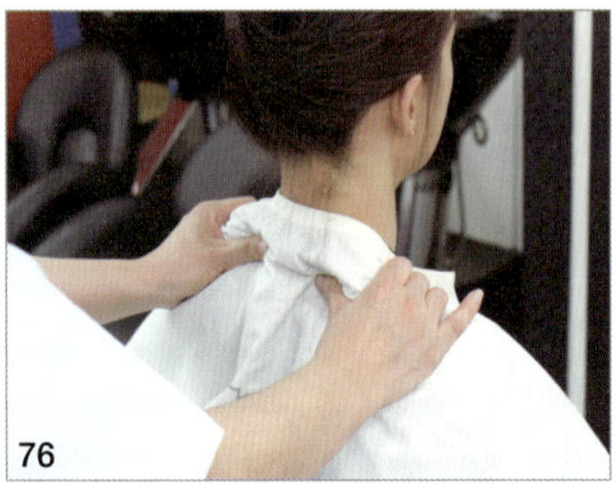
76

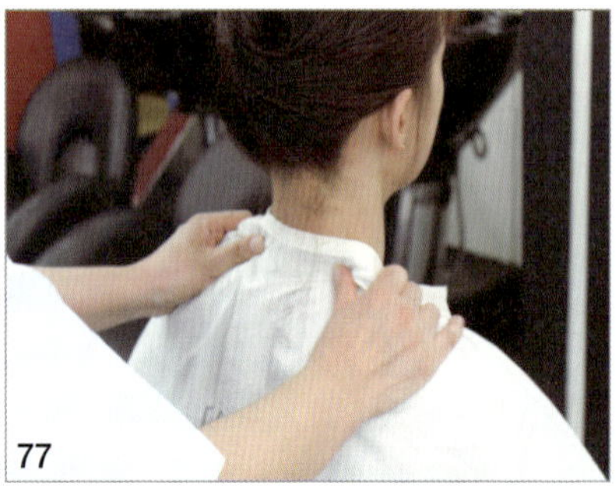
77

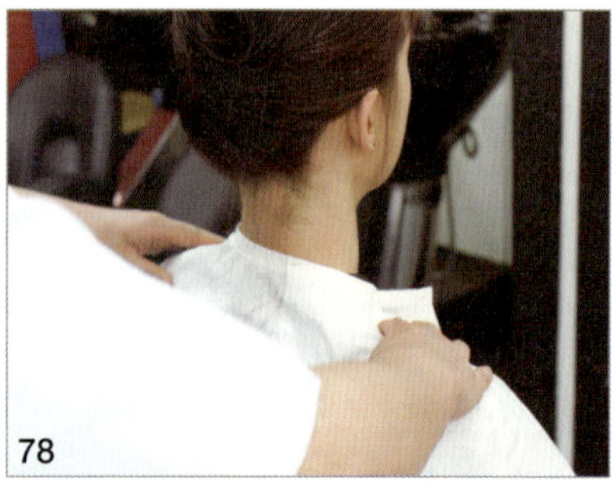
78

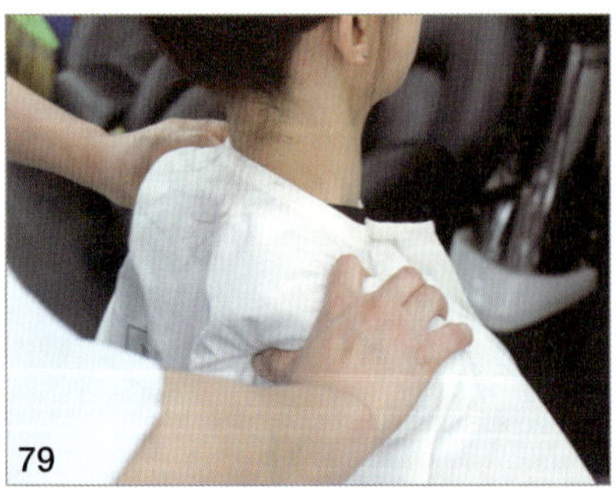
79

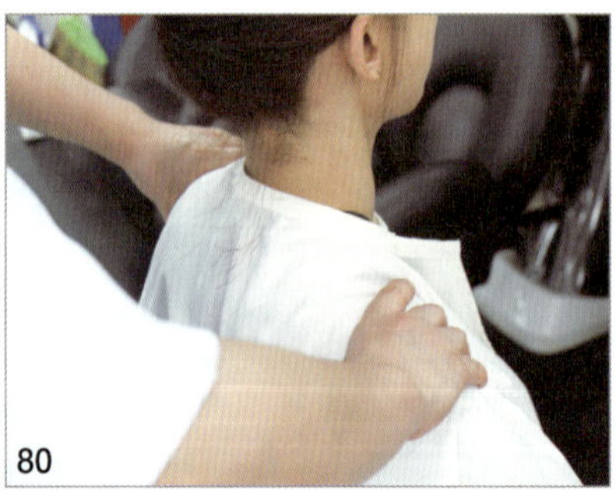
80

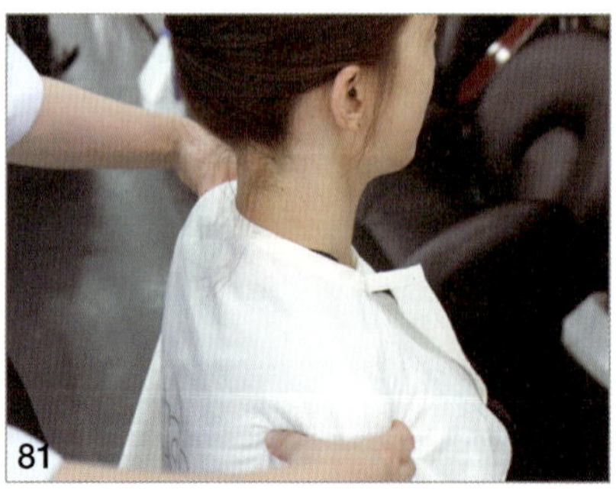
81

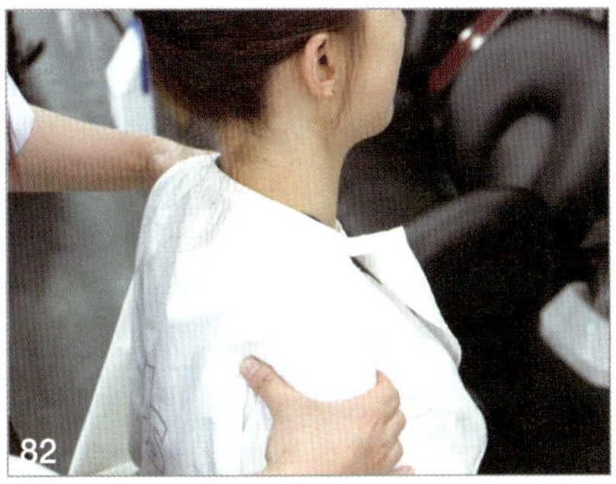
82

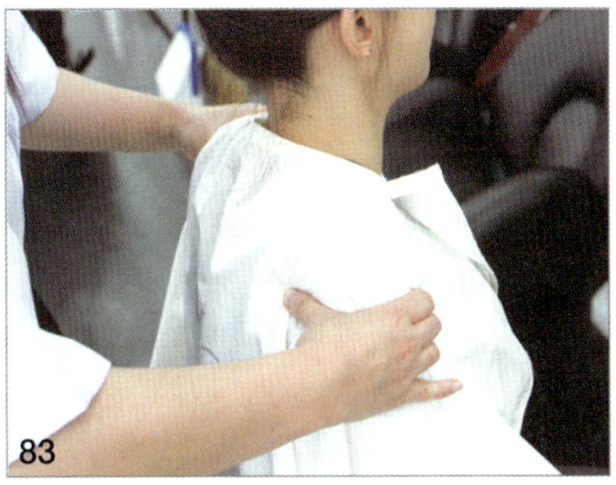
83

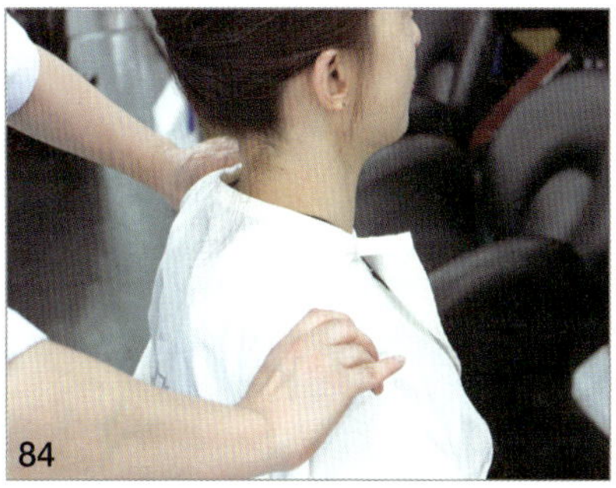
84

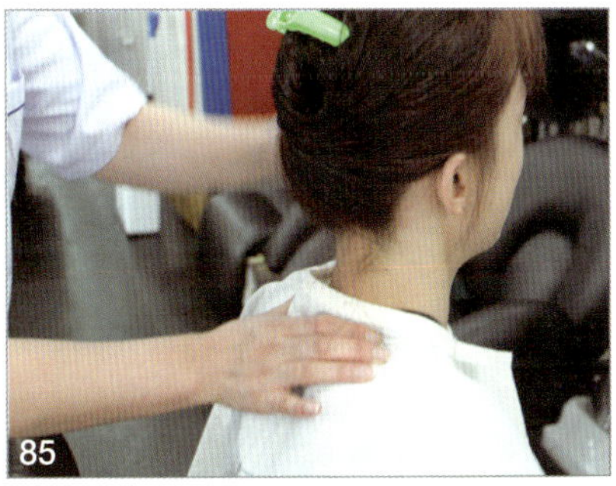
85

86

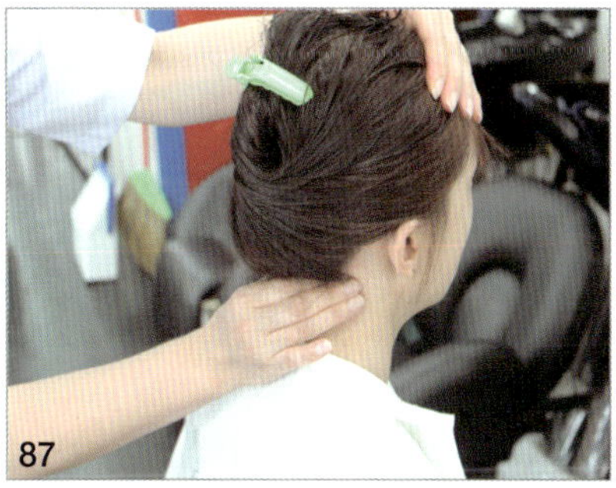
87

# Chapter 7

# 펌 시술과정

1. 일반 펌 시술과정
2. 열펌 시술과정
3. 펌 시술의 주의점

FUN FUN Basic Perm

# Chapter 7 펌 시술과정

## 1. 일반 펌 시술과정

### 1) 두피 및 모발 진단

고객과의 스타일에 관한 상담에서는 샴푸하기 전에 먼저 두피 및 모발 상태를 파악하는 것이 중요하다.

#### (1) 두피 진단

① 피지의 상태, 비듬의 여부 등을 확인한다.
② 피지의 상처, 염증, 질환의 유무를 정확히 파악하여 시술 여부를 판단하는 작업이다.
③ 두피에서 염증, 상처를 발견하였을 때는 시술을 하지 않으며 두피의 상태가 호전될 때까지 시술을 해서는 안 된다. 출산 전후나 발병 후에는 시술을 피하도록 권유한다.

#### (2) 모발 진단

① 균일하고 탄력 있는 웨이브를 얻기 위해서는 모발의 상태를 꼭 확인해야 한다.
② 시진, 문진, 촉진 등을 통해 꼼꼼하게 파악한다.
③ 극손상모, 다공성 모, 저항성 모 등의 모질 상태를 분석한다.
④ 모발의 굵기, 손상 여부, 모질, 탄력성, 밀도, 길이 등을 파악한다.

표1 모발 진단에 따른 관리방법

| 구분 | | 관리방법 |
|---|---|---|
| 두피의 상태 | 상처, 염증의 유무 확인 | 발견 시 시술을 하지 않음 |
| 모발의 상태 | 지나친 손상모 | 시술을 유보하거나 트리트먼트 등의 시술을 함 |
| | 다공성 모 | 모발의 건조 상태와 손상 정도를 파악하여 알맞은 시술을 함. 다공성의 정도에 따라 손상 부위에 트리트먼트 처리를 하여 와인딩을 하거나 간접법으로 와인딩을 해주는 방법, 1제의 작용시간을 짧게 해주고 시스테인 제품을 사용하는 방법이 있음 |
| | 저항성 모 | 원하는 웨이브를 얻기 위해서는 사전 연화를 하거나 치오글리콜산제품, 알칼리제품을 사용하는 것도 하나의 방법임 |
| 모발의 질 | 모발의 질과 감촉 | 굵은 모발보다 가는 모발이 펌제의 흡수가 빠름 |
| 모발의 탄력성 | 탄력의 정도 | 탄력성이 좋은 모발이 웨이브의 상태도 균일하게 오래 지속됨 |
| 모발의 밀도 | | 모발의 숱이 많은 경우에는 작은 로드를 사용하고 베이스도 작게 슬라이스하여 스파이럴 기법으로 차분하고 안정감 있게 연출함 |

### 2) 고객 상담

연령, 성별, 모발 길이, 취향, 성격, 직업, 트렌드 등 고객의 성향에 맞는 스타일 또는 얼굴형에 어울리는 스타일을 제시해준다.

### 3) 펌 시술 전의 샴푸과정

펌 시술 시의 모발 표면이나 두피에 부착되어 있는 먼지, 때, 헤어 제품 등의 잔여물을 깨끗이 제거하여 펌제의 흡수를 용이하게 하여 균일하고 탄력 있는 웨이브를 얻기 위한 과정이다. 샴푸의 목적은 모발과 두피의 유분과 모발에 잔류하고 있는 화학성분이나 이물질을 제거하기 위해 실시하고 모발 전체에 골고루 수분 조절을 하기 위해 시행한다. 또 모류의 흐름을 알기 위해 실시하고 환원제 1제의 침투가 용이하기 위해 시행한다.

샴푸과정에서는 첫째, 고객의 모발과 두피 진단을 통해 샴푸제의 선택 및 샴푸 방법을 결정해야 한다. 둘째, 미리 샴푸한 경우 겸용 샴푸제를 사용했는지 알 수 없기 때문에 따뜻한 물로 다시 샴푸한다. 셋째, 샴푸를 한 후에는 모발 표면에 샴푸제의 성분이 남지 않도록 충분히 헹구어 주도록 한다.

## 4) 모질 분석

모질毛質 분석은 고객의 모발 상태를 파악하는 것을 말한다. 첫째, 문진問診은 이전에 염색이나 펌을 얼마나 했는지를 상담하는 것이다. 둘째, 시진視診은 눈으로 모발 상태를 파악하는 것이다. 셋째, 촉진觸診은 손으로 모발 결을 분석하는 것이다. 넷째, 모발확대경으로 보고 정확하게 모질을 분석하는 것을 말한다.

### (1) 모발의 양

모발의 적고 많은 양에 따라 헤어스타일의 부피감, 웨이브의 형태가 다르게 결정된다.

### (2) 모발의 굵기

모발의 굵고 가는 것에 따라 디자인을 하려는 섹션이 다르게 변화되고 웨이브의 형성 시간이 다르게 작용한다.

### (3) 손상 정도에 따른 분류

**① 건강모** 화학적 시술을 전혀 하지 않은 상태를 건강모라고 하며 펌이나 컬러링을 한 번도 시술한 적이 없는 자연 상태 그대로의 생머리를 말한다. 건강모는 펌 시술 시에 화학작용이 오래 걸린다.

**② 손상모** 펌이나 염색을 한 모발을 손상모라고 하며 모발 외측의 큐티클이 벗겨지고 그로 인해 모피질의 모발성분이 유출된 상태를 말하며 펌 시술 시에는 화학작용이 빠르게 시행된다.

**③ 극손상모** 화학 시술을 많이 하여 모발이 극도로 손상된 상태로 모발의 모피질 비결정영역이 유출되어 펌제가 작용하는 부분이 적어서 펌이 형성되지 않는 모질을 말한다.

### (4) 모질의 특성에 따른 분류

곱슬모는 자연적으로 웨이브가 형성된 모발이며 직모는 굵고 단단한 모발을 말한다. 발수성 모는 펌제의 침투가 늦고 물을 묻혔을 때 잘 스며들지 않은 모질을 말하는데 모표피의 겹침 정도가 밀착되어 약액의 작용시간이 늦다. 다공성 모는 염색, 탈색, 펌을 자주 할 경우에 모피질층에 있는 간충물질들이 유출되면서 빈 공간이 되어 모발이 손상된 모질을 말한다.

## 5) 전처리과정

모발 상태에 따라서 1제으로부터 손상되는 것을 막아주고 웨이브가 균일하게 형성되게 도와주며 모질을 개선해주는 역할을 한다. 이러한 과정을 전처리라고 한다.

### (1) 헤어트리트먼트의 도포

헤어트리트먼트는 원하는 웨이브를 얻기 위해서 모발 진단에 따른 사전 처리 시에 사용되는 제품을 말하는데, 손상모, 다공성 모, 저항모, 건강모를 파악하여 적절한 양을 도포하여 사용한다. 모발에 맞는 전처리과정을 하는 것이 모발의 손상을 막으면서 고객이 원하는 아름다운 웨이브를 얻을 수 있는 방법이다.

### (2) 모질에 따른 트리트먼트의 도포방법

**① 염색모나 펌 시술 한 모발의 전처리방법** 모발 끝에 건조해진 부분에는 조금 많이 도포하고 모발의 중간 부분은 가볍게 도포하고 트리트먼트가 흡수가 잘되게 미스트, 적외선, 이온기 등으로 열처리를 한다. 일정시간 동안 모표피를 감싸서 펌제의 흡수를 균일하게 해주면 탄력 있는 웨이브를 얻을 수 있다.

**② 발수성 모, 버진 헤어virgin hair 등의 전처리방법** 모표피가 밀착되어 웨이브가 잘 흡수되지 않으므로 1제 또는 특수활성제로 도포하고 헹군 다음 트리트먼트를 하고 시술한다.

**③ 손상모의 전처리방법** 간층물질이 빠져나간 부위를 채워주기 위해 경단백질 PPT 용액을 손상된 부분에 충분히 도포하고 흡수가 잘되게 미스트, 적외선, 이온기 등으로 열처리를 한다.

### (3) 펌용 전처리제의 종류

화학적 반응에서의 보호, 내부의 흡수된 PPT 등의 방출을 방어하는 목적을 가진 타입이 있고 모발의 강도 등을 원래의 상태로 되돌리기 위해 회복이 목적인 타입이 있다. 수지계의 피막 효과를 높인 타입으로 탄력이나 지속성이 목적인 것이 있다.

**① 전처리제의 성분과 특성** 전처리제는 성분에 따라 각각 다른 특성이 있다. 카티온 PPT는 유연성 효과가 있으며 실리콘화 케라틴 PPT는 단백질의 변성방지 효과가 있다. 케라틴 PPT는 팽팽함과 매끄러움이 강화되며 콜라겐 PPT는 동물의 피부에서 얻은 성분이 뛰어난 보습 효과를 보여주고 대두 PPT는 식물성분으로 보습 효과가 뛰어나다. 실

**표 2** 모발 손상을 막는 목적의 펌용 전처리제

| 구분 | 배합성분 | 특징 |
|---|---|---|
| 제형 | 수용성, 유용성 | 유용성 제품이 많음 |
| 주성분 | 실리콘 | 피막 효과 |
| | 세라마이드 | 흡착성이 있고 밸런스를 정리함 |
| | 라놀린 | 보습 효과, 유연성 높임 |
| | 스쿠알란 | 피막 효과 |
| 첨가제 | 아미노산 | 수종의 아미노산, 손상 회복 |
| | 케라틴 PPT | 손상 회복, 모발의 탄력 부여 |
| | 콜라겐 PPT | 손상 회복, 모발의 보습력 높임 |
| | 실크 PPT | 손상 회복, 부드러움 강화 |
| | 소맥 PPT | 모발의 보습력 높임 |
| | 대두 PPT | 모발의 보습력 높임 |
| 보조제 | 음이온 활성제 | 침투와 흡수력 높임 |
| | 카티온 활성제 | 촉촉함 강화, 유연성 높임 |

**표 3** 모발의 회복 및 지속력 강화 목적의 펌용 전처리제

| 구분 | 배합성분 | 특징 |
|---|---|---|
| 제형 | 물 | |
| 주성분 | 아미노산 | 수종의 아미노산, 손상 회복 |
| | 케라틴 PPT | 손상 회복, 모발의 탄력 부여 |
| | 콜라겐 PPT | 손상 회복, 모발의 보습력 높임 |
| | 실크 PPT | 손상 회복, 부드러움 강화 |
| | 소맥 PPT | 모발의 보습력 높임 |
| | 대두 PPT | 모발의 보습력 높임 |
| 첨가제 | 하이론산 | 보습 효과 |
| | 키토산 | 모발보호(피막 형성) 효과 |
| | 글리세린 | 보습 효과 |
| | 베타인 | 보습을 지속시키는 효과 |
| 보조제 | 음이온 활성제 | 침투와 흡수력을 높임 |
| | 카티온 활성제 | 촉촉함 강화, 유연성 보급 |

리콘은 뛰어난 피막 효과가 있으며 트리트먼트와 샴푸제 등에 배합된다. 피트 프로틴은 PPT를 실리콘화한 것으로 고온에서 효과가 발휘되며, 실리콘 오일은 트리트먼트, 헤어크림, 헤어왁스 등에 배합되고 글리세린은 흡습성이 뛰어나서 보습, 유연성의 강화에 이용된다. PCA소다는 피부에 함유되어 있는 천연보습인자로 두발 보호 및 유연 효과가 있고 호호바 오일도 모발의 유연성과 탄력성을 부여하는 데 좋은 영향을 준다. 글리신은 4.1~4.2%를 조성하면 보습작용이 있으며 아스파라긴산은 3.9~7.7%를 조성하면 보습작용 및 세포부활성분이 생긴다. 알라닌은 2.8%를 조성하면 NMF의 구성 물질이 되며 글루타민산은 13.6~14.2%를 조성하면 생체대사촉진작용에 관여하고 세린은 4.3~9.6%를 조성하면 보습 기능 강화와 시스틴 생성에 관여한다.

### 6) 약액의 선정

모질에 따라 펌제를 선정한다. 굵은 모발은 pH 7.5~9.6의 치오글리콜산 성분이 많이 함유된 펌제를 사용한다. 가는 모발은 pH 7.5~9.0의 치오글리콜산이 주성분으로 시스테인 성분이 많이 함유된 펌제를 사용한다. 손상모는 pH 6~7의 치오글리콜산이 주성분으로 시스테인이 함유된 산성 펌제를 사용한다.

### 7) 펌제의 도포방법

#### (1) 환원제의 분석

일반적으로 펌제는 보통모의 경우에 pH 7.5~9.6, 심한 손상모의 경우에 pH 6~7의 산성 펌제를 사용한다. 환원제는 케라틴을 연화시키고 시스틴결합을 절단하는 역할을 한다.

건강모의 경우에는 직접 도포하여 와인딩을 하고 일반적으로 하는 방법이다. 손상모 중 극손상모 경우에는 시술자의 숙련된 기술이 필요하며 모발에 수분을 도포한 후 와인딩을 하는 워터랩핑water wrapping방법이 있다. 워터랩핑은 우선 시술자가 숙련되지 못해 오랜 시간이 경과할 경우 부위별 웨이브의 형성 정도가 달라지는 것을 방지하고 환원제의 작용을 균등하게 하기 위해서 하는 방법이다.

버진 헤어나 저항성 모인 경우에는 환원제를 도포한 후 약 5~8분 정도 열처리를 한 후 와인딩을 하게 되면 모발이 연화된 상태이므로 더욱 효과적인 웨이브를 얻을 수 있다.

#### (2) 모질에 따른 환원제 도포

건강모나 큰 손상이 없는 모발은 두피에서 1cm 정도 간격을 주고 환원제를 도포한다.

두피에 펌제가 묻으면 모낭과 두피에 트러블이 생길 수 있다. 와인딩 시간을 최대한 단축하여 균일한 웨이브를 얻을 수 있는 방법이다. 모선모발 끝까지 환원제가 도포되지 않을 경우에는 웨이브가 느슨해지거나 걸리지 않을 수 있으므로 환원제 도포 시에는 주의를 요한다.

극손상모나 다공성 모는 샴푸를 한 후 타월로 물기를 제거한 다음 와인딩을 하는 워터랩핑을 하고 나서 환원제를 도포한다. 이 시술방법은 손상된 모발의 경우 더 이상 상태가 나빠지지 않도록 손상도를 줄일 수 있으며 일률적인 웨이브를 얻을 수 있는 장점이 있다. 모발이 긴 머리를 와인딩을 하면 1제가 균일하게 도포가 안 될 수 있어 가급적으로 피하는 것이 바람직하다.

### (3) 모질에 따른 환원제의 도포 시술과정

건강모의 경우에는 1제를 5~10분 정도 가온한 다음 물로 헹구고 1제를 도포한 후 와인딩을 하면 탄력 있는 웨이브를 얻을 수 있다. 염색모의 경우에는 일반적으로 1제를 도포하고 와인딩을 한다.

극손상모의 경우에는 수분을 충분히 적신 후 워터랩핑 와인딩을 하고 1제를 도포하고 길이가 긴 모발은 2회전 이상 와인딩을 하면 1제의 침투가 용이하지 않아 2회전 미만으로 와인딩을 하는 것이 바람직하다.

### (4) 환원제 도포 시의 유의사항

① 시술자의 손을 보호하기 위해 장갑을 착용한다.
② 고객의 이마, 눈, 목덜미에 환원제가 흐르지 않도록 주의한다.
③ 모발 전체에 골고루 흡수되도록 로드 하나하나에 꼼꼼하게 도포한다.
④ 와인딩을 한 후 반드시 비닐 캡을 씌워 약액의 작용을 원활하게 해야 하며 필요에 따라서는 열기구를 사용한다.
⑤ 1제의 반응시간은 각 회사 제품에 따라 다소 차이가 있으나 일반적으로 10분 전후로 하는 것이 보통이다.
⑥ 페이스 라인에 두피트리트먼트scalp treatment제품이나 유성의 크림을 도포하여 펌제의 부착에 의한 염증을 방지해야 한다.
⑦ 1제를 과다 도포하여 두피에 묻으면 와인딩을 할 때의 텐션에 의해 모낭까지 침투되어 두피에 염증과 각질이 일어날 수 있다.
⑧ 손상모의 경우에는 수분을 30~40% 정도 분사한 후 1제를 도포한다.

### (5) 모발 조건에 따른 도포방법

**① 모발 전체 건강모** 두피에 펌 1제가 묻지 않게 모발이 흡수할 수 있을 만큼 적당량을 전체적으로 도포하고 와인딩을 한다.

**② 두피 부분만 신생모** 건강한 신생모 부분을 1제를 도포하여 1차 연화한 후 모질에 따라 5~10분동안 가온하여 모질을 팽윤시켜 조건을 비슷하게 한 다음 전체 1제를 도포하여 와인딩을 하면 펌 시술을 한 후 균일하게 웨이브가 형성된다.

**③ 전체 염색 손상모** 1제를 1/2 정도 모근 부위부터 도포하고 가볍게 빗질하면서 모발 끝부분을 연결하여 와인딩 시에는 끝쪽 모발의 수분을 조절하여 시술한다.

**④ 극손상모** 1제 환원제를 처음부터 도포하면 모발의 손상이 더 심해질 수 있으며 모발의 수분을 충분히 강화한 다음 1제의 작용시간을 늦춰서 빠르게 와인딩 시술을 한다. 또한 물로 와인딩을 한 후 1제를 도포하는 워터래핑방법으로 하는 것이 손상을 줄일 수 있다.

## 8) 섹션

섹션section은 펌 시술에서 두상을 디자인 형태에 따라 효율적으로 와인딩을 하기 위한 것으로 로드의 크기와 종류에 의해 결정되는데, 모발의 질, 모발의 밀도에 따라 달라질 수도 있다.

## 9) 로드의 선정

웨이브 형태를 결정하는 것은 어떤 로드rod를 선정하는지에 따라 달라지기 때문에 로드의 선정은 헤어스타일을 정하는 데 중요한 역할을 한다. 웨이브의 굵기, 슬라이스의 두께, 모질 등 고려하여 로드를 선정한다.

## 10) 와인딩 시술방법과 주의사항

사용할 로드의 굵기와 길이를 염두에 두고 블로킹blocking을 정확히 해야 한다. 파팅parting을 구분하고 슬라이스slice는 로드의 폭과 두께를 균일하게 잡고 시술한다.

스트랜드strand의 시술 각도에 주의해야 한다. 엔드 페이퍼는 스트랜드의 끝부분 중앙에 대고 와인딩 시에 모발이 꺾인다거나 튀어나오지 않도록 주의한다.

전체적으로 균일한 텐션tension으로 와인딩을 하며 고무줄은 로드나 엔드 페이퍼에 평행을 유지하면서 걸어준다. 와인딩이 끝난 후에는 고무줄이 너무 꼭 조여지지 않았는지 머리끝이 로드에 눌려 있지 않은지를 확인한다. 1제가 두피에 흘러내리지 않도록 균일하게 도포한다.

와인딩 시술 시의 주의사항은 다음과 같다.

- 빗질을 가지런하게 한 다음 적당한 텐션을 주어 매끄럽고 균일하게 와인딩을 해야 한다.
- 모발을 너무 강한 힘으로 팽팽하게 잡아 당겨서 와인딩을 하면 모발을 손상시키거나 웨이브 형성 시에 장애가 될 수 있다.
- 텐션이 균일하지 않았을 경우에는 약제가 골고루 도포되지 않아 균일한 웨이브의 형성이 어려울 수 있으므로 주의한다.
- 신속하고 정확하며 빠르게 시술한다.
- 비닐 캡cap을 머리에 씌울 때에 무리하게 두피 속으로 로드를 밀어 넣지 않는다.

## 11) 비닐 캡의 착용

와인딩 시술 후 모발에 비닐 캡vinyl cap을 씌우는 목적은 두피에서 열을 이용하여 펌의 작용을 촉진시키고 원하는 웨이브를 얻기 위해 모발에 도포된 환원제의 공기와의 접촉을 최대한 차단하여 산화되는 것을 방지하기 위함이다. 특히 비닐 캡은 알칼리의 휘산작용을 방지하며 pH를 일정하게 유지하도록 해준다. 체온이 떨어지는 것을 방지하며, 반응온도가 상승하는 것을 미리 방지하는 작용을 한다. 펌제의 액체온도는 연중 일정한 온도인 15~25°C 정도로 시술해야 하며 모발의 반응온도가 높고 낮음에 따라 웨이브 형성력과 반응시간에 큰 영향을 준다. 겨울철에는 액체온도가 상당히 떨어지는 수가 있으므로 상온 정도까지 따뜻하게 가온해서 사용해야 한다.

1제 도포 후에 비닐 캡을 씌우기까지 걸리는 시간이 빠르면 빠른 만큼 1제의 반응시간을 단축시켜준다. 그러므로 와인딩을 한 후 1제를 도포하고 나면 재빨리 비닐 캡을 씌우는 것이 매우 중요하다.

## 12) 시스틴결합에 따른 웨이브 형성

시스틴결합이 어느 정도인지에 따라 달라지는 웨이브의 형성도는 다음과 같다.

**표 4** 시스틴결합에 따른 웨이브 형성

| 절단된 시스틴결합 | 절단되지 않은 시스틴결합 | 특징 |
|---|---|---|
| 30% | 70% | 이상적인 환원력이며 원하는 형태의 펌을 얻을 수 있음 |
| 10% | 90% | 모발이 본래의 상태로 되돌아가려는 성질을 가지고 있어 완전한 펌을 얻을 수 없음 |
| 50% | 50% | 케라틴 구조 손상 |
| 100% | 0 | 모발에 완전한 손상 발생 |

## 13) 방치시간

와인딩이 끝나고 모발에 환원제를 도포한 순간부터 웨이브가 형성되는 과정시간을 말하며 시스테인이 모발의 화학적 결합을 절단시켜 원하는 웨이브 형태로 시스틴재결합을 하는 과정을 방치시간processing time이라고 한다.

이 과정에서 주의할 점은 다음과 같다.

- 모발의 성질에 따라 작용시간이 다르다.
- 환원제의 종류, 로드의 선정, 실내 온도, 두피의 온도에 따라 방치시간을 달리해야 한다.
- 탄력 있고 균일한 웨이브를 얻기 위해 걸리는 시간은 촉진기가온기를 사용한 시간과 자연 방치시간을 모두 합한 것을 의미한다.
- 일반적으로 방치시간은 화학적 결합이 형성되는 약 15~25분 이내이며 테스트 컬을 하는 것이 바람직하다.
- 오버 프로세싱over processing은 모발을 건조하게 하며 심한 손상을 줄 수 있다. 또한 언더 프로세싱under processing은 작용시간이 너무 짧아 컬이 약하고 탄력이 없으며 실내 온도와 비닐 캡 내의 온도에 주의하여 방치시간을 조절한다.

**표 5** 모발 상태에 따른 방치시간

| 모발 상태 | 방치시간 |
|---|---|
| 건강모 및 저항성 모 | 20~25분 $\pm\alpha$ |
| 염색모 | 15~20분 $\pm\alpha$ |
| 손상모 | 8~13분 $\pm\alpha$ |

**표 6** 잘못된 테스트 컬의 원인

| 구분 | 원인 |
|---|---|
| 컬의 형성이 너무 견고한 경우 | 너무 작은 로드를 사용한 경우 |
| 컬의 형성이 떨어지는 경우 | 로드가 너무 크거나 프로세싱 시간이 짧고 와인딩 시 텐션이 약한 경우 |
| 컬의 형성이 전혀 되지 않았거나 모발 끝이 심하게 손상된 경우 | 방치시간이 지나치게 길었거나 펌제의 선정이 잘못 되었을 때 |
| 엔드 페이퍼의 색상이 변한 경우 | 컬러링을 한 모발, 금속염이 함유된 컬러제, 헤나를 사용한 모발로 이황화물과 결합된 경우에는 더 이상의 펌이 불가능하므로 반드시 테스트 컬이 필요함 |

## 14) 테스트 컬

테스트 컬test curl의 목적은 환원제가 모발에 어느 정도 작용하는지의 여부를 판단하여 정확한 방치시간을 결정하고 웨이브의 형성 정도를 파악하는 것이다.

로드 하나를 2회전 정도 풀어 두피 쪽으로 가볍게 밀어보아 S자형의 리지가 확실하게 생기는지를 검사하여 탄력 있게 형성되는지 확인한다. 웨이브 형성이 느슨한 S자형의 리지가 보이면 컬의 형성 정도에 따라 환원제를 재도포한 다음 적절한 시간 동안 재방치하여 컬을 테스트한다. 너무 오랜 시간을 방치할 경우 컬의 탄력이 줄어들고 모발이 화학적인 손상을 입게 되므로 방치시간을 잘 조절해야 한다.

## 15) 중간 린스

중간 린스plain rise는 모발에 남아 있는 환원제의 잔여물을 제거하여 산화제의 산화작용을 원활하게 이루어지도록 하기 위해 미온수로 모발을 헹구어내는 것이다. 모발에 도포된 환원제를 미온수로 헹궈서 산화제 반응을 원활하게 한다. 만약 중간 린스를 하지 않으면 모발에 남아 있는 환원제1제와 산화제2제가 반응하여 잔류하고 있는 환원제1제에 의해 산화제2제의 작용이 떨어질 수 있기 때문에 중간 린스를 하여 탄력 있는 웨이브를 형성한다.

중간 린스를 하는 방법은 미온수로 모발 전체를 충분히 헹궈낸 다음 부드러운 수건이나 탈지면 등으로 두피와 로드의 물기를 완전히 제거한 후 산화제를 도포하는 것이다.

## 16) 2제중화제의 도포방법

산화제인 2제는 환원제의 작용을 중지시키고 웨이브의 형태를 고정시켜 주는 것으로,

표 7 시술방법에 따른 중화제 성분

| 시술방법 | 성분 | 분석 |
|---|---|---|
| 1제+2제 도포할 경우 | 과산화수소 5~10분 | 과산화수소 중화제를 사용하면 탄력 있는 웨이브를 얻을 수 있음 |
| 1제+중간 린스+2제 도포할 경우 | 과산화수소, 브롬산나트륨 | 과산화수소, 브롬산나트륨 2가지 도포해도 탄력 있는 컬을 얻을 수 있음 |
| 1제+pH 컨트롤분사+2제 도포할 경우 | 브롬산나트륨 10~15분 | 브롬산나트륨 중화제를 사용하면 탄력 있는 컬을 얻을 수 있음 |

환원된 모발을 자연 상태의 모발로 회복시키는 역할을 한다.

### (1) 중화제 도포 시의 주의사항

전체에 균일하게 도포하는 것은 물론 로드와 로드 사이에 약액이 퍼지도록 세심히 도포해야 한다. 중화제의 도포가 균일하지 않으면 웨이브에 얼룩이 지는 원인이 되며, 웨이브를 유지하기가 나쁘고, 모발에 잔존해 있는 약액의 작용이 72시간 계속 진행되어 웨이브를 거칠게 한다.

제조회사의 지시사항을 기준으로 용법 및 용량을 엄수하여 사용해야 한다. 로드를 제거한 후 모발 끝부분에 재도포하면 웨이브의 탄력성과 유연성 유지에 효과가 있다.

### (2) 중화제의 종류

브롬산나트륨 펌제의 2제로서 브롬산나트륨$NaBrO_2$은 산화제인 2제의 주성분으로 산화작용을 갖는다. 브롬산나트륨이 상온에서 물에 잘 녹기 때문에 일반적으로 헤어숍에서 사용된다. 일반적으로 칼륨K은 분말로, 나트륨Na은 액체 상태로 시판된다. 과산화수소 펌제 2제로서 pH가 2.5~3.5 정도이며 산화력이 빠르기 때문에 브롬산나트륨보다 작용시간이 짧다.

## 17) 로드의 제거

산화제의 작용이 완료되었다고 판단되면 와인딩이 된 로드를 제거rod off한다. 로드의 제거 시에는 각도와 텐션을 유지하면서 풀어주는 것이 바람직하다. 로드에 모발이 걸려 두피에 자극을 주거나 모발을 심하게 당겨 고객이 불쾌감을 느끼지 않도록 주의한다.

로드의 제거는 특별한 경우를 제외하고 와인딩의 순서대로 하는 것이 균일한 웨이브를 얻을 수 있게 하는 방법이다. 로드를 완전히 제거한 후 두피에 로드 자국이 남지 않도록 두피를 완화시키는 가벼운 두피 마사지를 실시한다.

## 18) 펌 시술 후 처리법

### (1) 시술 후 린스

시술 후의 린스pre rinse는 모발의 pH를 본래의 상태로 되돌려 주기 위해 두피 및 모발을 헹궈내는 작업이다. 두피에 자국이 남지 않도록 마사지massage를 한 후 압점을 찾아 두피 혈행을 돕는다. 모발의 모표피를 닫아 주고 동시에 모발에 잔존해 있는 2제의 제거 효과가 있다.

펌 시술 후에 샴푸제를 사용하지 않는 이유는 시스틴의 재결합력이 떨어져 웨이브의 탄력성을 저하시켜 웨이브가 쉽게 풀어지게 하는 원인이 되기 때문이다.

### (2) 산성 린스 처리에 의한 모발 관리

탄력 있는 웨이브가 유지되도록 하며 모발과 두피의 pH를 안정되게 한다. 화학작용으로 민감해진 모발에 윤기를 주며 산화작용만으로 부족한 시스틴의 재결합을 안정되게 한다.

### (3) 모발 및 두피 트리트먼트 효과

가능한 자연 상태의 모발로 되돌려 모발의 케라틴을 견고하게 한다. 환원제와 산화제의 잔여물을 제거하고 펌제의 냄새를 제거한다. 환원제에 의해 알칼리화된 모발의 pH를 약산성화를 한다. 펌 시술에 의해 긴장된 모발과 두피조직을 이완시키고 혈액순환을 원활하게 한다.

### (4) 펌 스타일링

화학작용으로 인해 손상된 모발을 헤어로션, 젤 등으로 손질한다. 드라이로 모발을 완전히 건조시키지 않고 웨이브가 풀어지지 않도록 손으로 가볍게 만져준다.

### (5) 펌 시술 후 가정에서의 모발 관리

시술 후에 2~3일 정도는 샴푸를 하지 않고 산성 린스만 사용하는 것이 웨이브의 지속도를 높일 수 있는 방법이다. 모발이 건조한 상태에서 과도한 빗질을 하지 않도록 하고 헤어 컨디셔닝 제품을 사용하여 모발의 광택 유지, 보습 강화에 유의하도록 한다.

### (6) 펌 시술 시의 주의사항

펌 시술 시의 주의사항은 다음과 같다.

① 스틱stick을 이용하여 고무줄 자국이 남지 않도록 한다.
② 모발이나 두피의 상태를 펌 시술 전에 잘 살펴본다.
③ 고객이 원하는 스타일을 잘 분석해야 한다.
④ 펌 디자인에 따라 로드를 선정할 때 주의를 기울어야 한다.
⑤ 펌제를 취급할 때는 반드시 보호용 장갑을 착용한다.
⑥ 로드 자국이 남지 않도록 쇼트 헤어short hair의 경우에는 지그재그 섹션을 뜨거나 밴드의 시술 각도를 유의한다.
⑦ 산화제 도포 시에는 로드에 하나하나 빠짐없이 도포하도록 한다.
⑧ 고객의 옷이나 얼굴에 약액이 묻지 않도록 세심한 주의를 기울인다.
⑨ 펌 시술 후 고객카드를 작성하여 고객을 관리한다.
⑩ 펌 시술에 사후 관리법을 설명한다.

# 2. 열펌 시술과정

## 1) 열펌의 개요

열펌의 원리는 펌 1제 치오글리콜산이 케라틴 분자의 시스틴결합을 환원, 절단하여 2제과산화수소로 산화시킨 것에 의해 원래의 시스틴결합으로 돌아오는 화학반응을 말한다.

펌 1제 알칼리작용에 의해 피브릴을 결합하고 있는 매트릭스는 팽윤, 연화한 다음 치오작용에 따라 시스틴결합을 절단시킨 후 1제를 헹군다. 수분을 유지한 상태로 열기구로드로 이용하여 말아주면 로드 부분에 큐티클 안이 눌리게 되어 반대쪽 큐티클 안이 열려 피브릴컬 형태로 바뀌게 된다. 열기구로 열을 가해주면 열려 있는 큐티클 사이의 간격에서 수분이 증발되면서 수분이 단절된 수소결합은 재결합하고 수분으로 단절되지 않은 수소결합은 열로 인해 단절되고 식으면서 다시 재결합하게 된다. 새로운 컬의 형태가 남으며 이 상태에서 더 산화시키면 매트릭스가 다시 시스틴결합을 일으켜 안정된 새로운 웨이브 형태가 만들어진다.

## (1) 열펌 시의 시술 온도

열펌 시술 온도는 열기구 및 모질에 따라 120~160℃ 전후로 적용하고 있다. 그러나 파마 시 모발 내에는 수분을 함유하고 있어 약 40℃ 전후에서 온도가 하강되기 때문에 약 80~120℃로 유지시키는 것이다. 모발은 전체의 70~80%가 단백질로 구성되어 있기 때문에 필요 이상으로 열을 가해주면 단백질이 응고되어 모질이 푸석해지고 손상되는 원인이 되기도 한다.

## (2) 수소결합

일반적으로 열을 이용한 세팅펌, 디지털펌, 아이론펌 등은 수소결합에 의한 펌이다. 알칼리제 치오글리콜산이 케라틴 분자의 시스틴결합을 환원, 절단하고 물로 세척한 수분을 이용하여 산소와 수소 사이의 잡아당기는 힘에 의해 결합하는 것으로 모발에 수분을 가해주면 단절되고 수분을 제거해주면 다시 결합하는 것을 말한다.

## (3) 모발 내의 수분량

세팅펌, 디지털펌, 아이론펌을 시행할 때 모발 내 수분량은 절대적인 영향을 미치며 약 20~30%가 적당하다. 수분량이 너무 많으면 수소결합의 재결합이 안되어 컬의 유지력이 떨어지고 너무 적으면 모발 내 케라틴이 감소되어 단백질 변성으로 손상이 올 수 있다.

## (4) 트리트먼트 오일의 사용

모발 내 함유된 수분 20~30%가 자연 증발하는 것을 방지하고 열로부터 모발을 보호하는 트리트먼트 성분의 제품을 너무 많이 도포하면 중화작용이 방해를 받을 수 있어 원하는 컬을 얻어낼 수 없으며 너무 적게 도포하면 모발이 손상될 우려가 있으므로 적당량을 골고루 도포해주는 것이 중요하다.

## (5) 열펌 와인딩 시의 주의사항

펌 와인딩 시에는 텐션의 강약에 따라 웨이브의 형성도가 많이 차이난다. 즉 열펌에서는 강하게 당겨서 와인딩을 하지 않으며 적당한 텐션을 유지하되 손상모일수록 쳐지지 않게 텐션을 가하여 와인딩을 해야 한다.

펌 시술에 따른 약제의 과다 도포로 인해 두피에 묻으면 슬라이스 자국이 생겨난다. 두피에 1제가 묻으면 모낭 속까지 침투하여 탈모 현상 및 가려움증이 일어나거나 두피에 비듬과 같은 각질이 생기게 된다.

두피에 너무 가깝게 고무줄 밴드 처리를 하면 모발에 고무줄 자국 및 모발 꺾임 현상이 생긴다. 특히 각도를 낮게 하여 와인딩을 하면 고무줄 자국이 생긴다. 시술 패널은 두피로부터 120~130°로 유지하여 와인딩 시술하는 것이 바람직하다.

## 2) 열펌의 시술과정

### (1) 샴푸

모발에 유분이나 이물질 등을 제거하고 펌 1제의 침투를 촉진시키기 위한 시술이다.

### (2) 전처리 클리닉

손상된 모발의 경우 필수적으로 손상 방지를 위해 전처리제 트리트먼트를 도포하고 심한 손상모일 경우에는 충분히 도포하고 약 10~15분 정도 미스트기기를 사용하여 1제 처리를 하면 더욱 효과적이다.

### (3) 1제 도포

모발에 수분이 남아 있는 상태에서 약액을 도포하는 것이 바람직하고 모발을 완전히 건조시킨 후 약액을 도포하게 되면 모발 손상을 일으킬 수 있으며 모발 전체에 골고루 침투되지 않는다. 따라서 모발에 수분이 어느 정도 남아 있는 것이 모발의 팽윤을 더욱 촉진시키며 약액을 신속히 침투시켜 화학반응을 쉽게 일어나게 한다.

1제의 도포 시에 유의점은 다음과 같다.

첫째, 모발의 수분은 20~30% 정도 유지한다.
둘째, 약액은 골고루 충분히 도포해야 한다.
셋째, 모발이 흡수할 수 있도록 골고루 펴 바른다.
넷째, 약액의 도포방법이 나쁘면 균일한 컬을 만들어낼 수 없으며 컬이 늘어지게 된다.

### (4) 비닐 캡의 착용

펌 1제가 공기에 의해 자연산화가 되는 것을 방지하거나 펌제의 건조 방지, 그리고 전체의 온도를 골고루 유지시키기 위해 비닐 캡을 착용한다.

**표 8** 모발에 따른 방치시간

| 모발의 종류 | 방치시간 |
|---|---|
| 심한 손상모 | 5~10분 |
| 손상모 | 10~15분 |
| 건강모 | 15~20분 |

### (5) 방치시간 및 가온

펌 1제를 처리할 때 실내 온도, 모발 손상도, 약액의 종류, 도포량 등을 고려해야 한다. 방치시간은 모발에 도포한 후 모발 안에서 펌 1제가 침투하여 시스틴결합이 환원된 시스틴으로 변화되기까지 걸리는 시간을 말한다.

### (6) 중간 린스

모발에 남아 있는 약액을 없애고 중화액의 효과도 얻기 위해 시행한다. 중간 린스는 필수적이며 펌 1제를 깨끗이 씻어내지 않고 와인딩을 하면 모발 손상 및 기구 파손의 우려가 있으므로 깨끗이 헹구어내야 한다.

### (7) 모발 내의 수분 조정

모발을 미온수로 깨끗이 씻어낸 후 타월로 물기를 제거하고 드라이기로 열풍, 냉풍을 병행하여 약 20~25% 정도의 수분을 제거한다.

### (8) 트리트먼트의 도포

모발 내 수분 20~25%의 자연증발을 방지하고 열에 의한 모발 보호 및 클리닉 효과를 통해 웨이브의 탄력과 유지력에 기여하기 위해 모발 표면에 골고루 도포하는 것이다.

### (9) 와인딩

와인딩 시에는 스타일에 따라서 로드의 1배, 1.5배, 2배, 2.5배 이상만큼 슬라이스 두께를 정하고 와인딩을 한다.

### (10) 방치시간

테스트 방법은 전원을 켠 상태에서 시간이 경과한 후 손끝으로 수분95%이 건조된 것을

표 9 모질별 와인딩 시간과 방치시간

| 구분 | 와인딩 시간 | 방치시간 |
|---|---|---|
| 극손상모 | 5~8분 | 8~10분 |
| 손상모 | 10분 | 10~15분 |
| 건강모 | 15분 | 10~20분 |

점검하여 웨이브의 리지ridge가 형성되었는지 파악한다. 이 시간을 방치시간이라고 한다.

### (11) 중화제의 도포

웨이브를 오랫동안 유지할 수 있도록 2제로 산화되는 과정이다. 일반 펌의 중화제는 브롬산, 수산화나트륨이 쓰이고 아이론, 매직, 세팅 시의 중화제는 과산화수소가 쓰인다. 수산화나트륨은 15~20분, 과산화수소는 모발 손상도에 따라 5~10분이 걸린다.

### (12) pH 밸런스의 분무

컬을 고정하기 위해 중화 마무리 2분 전에 pH 밸런스를 분무해주고 2분 후 가볍게 물로 헹군다.

### (13) 중간 린스

모발을 비비지 말고 컬을 만져주면서 잘 헹군다. 주로 중화액으로 사용하고 있는 과산화수소는 깨끗이 씻어내지 않으면 모발 변색 및 손상의 원인이 된다.

### (14) 후처리 클리닉

트리트먼트 성분으로 모발을 클리닉하여 부드러운 마무리 감촉을 제공할 수 있다. 샴푸를 한 후에는 타월 드라이를 한 다음 모발에 골고루 발라 3~5분간 자연 방치하고 가볍게 헹군다.

### (15) 마무리

수분이 많을 경우 열풍으로 70% 정도 건조하면 냉풍으로 건조하여 스타일링을 하는 것이 바람직하다. 되도록 고객에게 찬바람으로 머리를 말리도록 권유한다.

## 3. 펌 시술 시의 문제와 주의점

### 1) 펌제 사용 시의 주의사항

첫째, 펌 1제가 두피에 과잉 도포되어 묻으면 피부염이나 모낭의 염증으로 인해 탈모를 유발시킬 수 있다. 열펌 시의 1제를 도포할 때 두피에 가까이 도포한 다음 빗질을 잘못하면 모근에서 꺾임현상이 나타난다.

둘째, 알레르기 체질은 신중하게 상담을 통해 시술 여부를 판단한다.

셋째, 펌제가 고객의 옷에 묻지 않게 가운을 착용하게 한다.

넷째, 펌제의 사용법을 잘 읽고 유의사항을 알아둔다.

다섯째, 사용하고 남은 펌제는 밀봉하여 열이나 광선에 닿지 않는 곳에 보관한다.

### 2) 시술 시의 주의사항

모발의 수분을 20~30% 정도 유지하는 것이 중요하다. 모질 손상도에 따라서 열 온도조절 및 시간을 잘 설정해야 한다. 매직 스트레이트 시술을 할 경우 열조절도 중요하지만 프레스 압축힘을 조절하는 것도 중요하다.

### 3) 펌 시술 후의 모발 및 두피 이상 현상

#### (1) 피부 트러블

펌제나 환원제가 두피에 묻을 경우 빨갛게 부어서 통증이 일어나거나 염증이 발생하면 깨끗한 티슈나 수건으로 닦아주고 젖은 헤어밴드로 교체해준다.

#### (2) 탈모현상

모발의 와인딩 시에 너무 강한 텐션을 주거나 두피의 가까이 펌제가 묻어 모낭까지 침투되면 모낭염증으로 탈모된다. 두피에 묻지 않게 주의하고 강한 텐션을 주지 않도록 시술한다.

#### (3) 비듬 형성

펌제가 두피에 흘러내리게 되어 두피가 연화, 팽창되면 각질이 생긴다. 시술 후 3~4일이

지나면 두피가 가렵고 각질이 들떠서 비듬 같은 것이 생기게 된다. 이 시기에는 두피를 충분히 헹구고 두피 트리트먼트를 사용하여 각질을 제거해준다.

### (4) 모발의 절모현상

펌의 와인딩 시술 후에 손상모는 시술 각도가 낮거나 고무줄 처리를 두피에서 너무 가깝게 한 경우 1제를 과잉 도포하면 약액이 고여 절모현상이 일어난다. 이를 피하기 위해서 두피에서 1cm 정도를 띄우고 1제를 도포한 후 시술 각도를 두상의 90° 이상으로 하는 것이 바람직하다.

## 4) 펌 시술에 따른 문제점 및 대책방법

펌의 시술 후에 주로 발생하는 문제는 총 7가지이다. 컬이 너무 강하거나 컬이 나오지 않는 경우, 컬이 쉽게 풀어지는 경우, 컬이 균일하지 못한 경우, 모발이 단모가 되거나 손상되는 경우, 부분적으로 탈색된 경우, 두피에 비듬이 생기는 경우의 원인과 대책은 다음과 같다.

**표 10** 잘못된 펌 시술의 원인과 대책

| 구분 | 원인 | 대책 |
|---|---|---|
| 컬이 강한 경우 | • 모발의 길이에 비해 너무 작은 로드 사용<br>• 프로세싱 시간이 긴 경우<br>• 너무 강한 약액을 선정한 경우 | • 모발 손상이 심하지 않을 때에는 환원제를 도포하여 웨이브를 풀어줌(매직 스트레이트 크림은 사용하지 않음) |
| 컬이 나오지 않는 경우 | • 너무 약한 약액을 선정한 경우<br>• 프로세싱 시간이 너무 짧은 경우<br>• 환원제, 산화제의 도포가 불충분한 경우 | • 모발 손상이 적을 때에는 시스테인 성분으로 다시 시술 가능<br>• 모발이 손상이 심한 경우 1주일 후 펌을 하는 것이 바람직함 |
| 컬이 쉽게 풀어지는 경우 | • 모발 진단을 통한 환원제, 산화제의 선정이 잘못되었을 경우<br>• 펌 시술 후 모발 관리가 잘못 되었을 경우<br>• 펌 시술 후 모발에 셰이핑(shaping)을 심하게 한 경우 | • 모발의 손상이 적을 때에는 재시술이 가능함 |
| 전체적으로 컬이 균일하지 못하는 경우 | • 와인딩의 시술방법이 잘못 되었을 경우<br>• 약액이 골고루 도포되지 않을 경우 | • 모근이 건강한 모발에 1차 도포하고 10분 후 연화된 상태에서 나머지 부분에 2차 도포하고 와인딩을 시술함 |
| 시술 후 모발이 단모가 되거나 손상되는 경우 | • 로드 전체 와인딩을 한 후 고무줄 처리를 너무 강하게 해서 1제가 고였을 경우 | • 두피에 가깝게 고무줄 처리를 너무 세게 하지 않음 |
| 모발이 부분적으로 탈색된 경우 | • 금속기구나 용기 사용<br>• 펌제에 의한 작용 | • 탈색된 부분만 컬러링을 시술함 |
| 시술 후 두피에 비듬이 생기는 경우 | • 모발과 함께 두피도 팽윤, 연화되어 각질층이 부풀어진 상태로 2제의 도포가 불충분한 채 건조되었을 경우 | • 오일 두피 트리트먼트가 효과적임 |

Chapter 8

# 기초 펌 와인딩

1. 두상의 명칭
2. 블로킹의 종류

FUN FUN Basic Perm

Chapter **8** 

# 기초 펌 와인딩

## 1. 두상의 명칭

두상의 구역은 그림 1과 같이 구분할 수 있다.

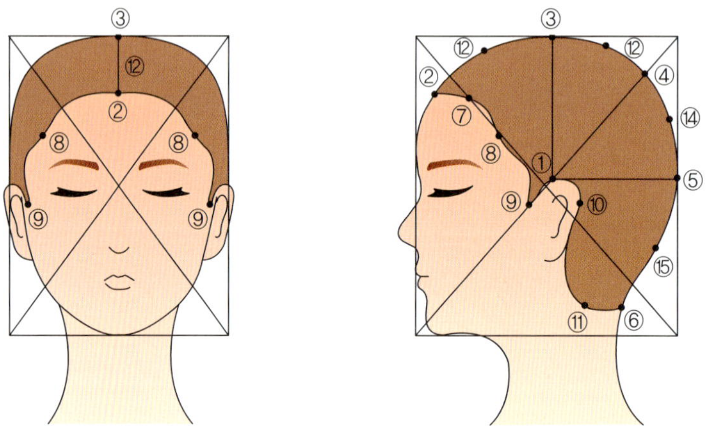

① E.P(Ear Point)
② C.P(Center Point)
③ T.P(Top Point)
④ G.P(Golden Point)
⑤ B.P(Back Point)
⑥ N.P(Nape Point)
⑦ F.S.P(Front Side Point)
⑧ S.P(Side Point)
⑨ S.C.P(Side Corner Point)
⑩ E.B.P(Ear Back Point)
⑪ N.S.P(Nape Side Point)
⑫ C.T.M.P(Center Top Medium Point)
⑬ T.G.M.P(Top Golden Medium Point)
⑭ G.B.M.P(Golden Back Medium Point)
⑮ B.N.M.P(Back Nape Medium Point)

**그림 1** 두상의 명칭

## 2. 블로킹의 종류

블로킹blocking은 시술 작업을 신속하고 능률적으로 빠르게 진행하기 위해 두상 전체를 구분하여 나누는 것을 말한다.

일반적으로 미용기능사 실기시험과정에서는 5등분 블로킹인 센터 파트, 좌측 파트, 우측 파트, 9등분 블로킹, 10등분 블로킹으로 나눈다. 다음과 같은 시술 시의 톱 블로킹, 사이드 블로킹, 크라운 블로킹, 백포인트 블로킹, 백사이드 블로킹, 네이프 블로킹에 대한 유의점을 살펴보고 와인딩을 한다.

첫째, 톱top 블로킹에 관한 유의점이다. 머리 전체를 곱게 빗질한 두상과 평행을 유지하면서 두상 각도 90°를 유지하면서 톱에서 가로 7cm 위치의 정해진 양을 아래로 빗질하고 세로 6.5cm, 균일한 텐션을 주면서 와인딩을 한다.

둘째, 사이드side 블로킹에 관한 유의점이다. 톱 블로킹의 꼭짓점을 페이스 라인이 커브를 뜬 만큼 살짝 C커브를 그리고 귀 뒤에 집게손가락을 반듯이 세우고 꼭짓점과 집게손가락의 중앙에 떨어지게 빗질하여 와인딩을 한다.

셋째, 크라운crown 블로킹에 관한 유의점이다. 톱에서 가로 7cm 정해진 양을 아래로 빗질하고 세로 6.5cm, 가로 7cm의 사각형이 이루어질 두상 각도를 유지하면서 와인딩을 한다.

넷째, 백포인트back point 블로킹에 관한 유의점이다. 두상에서 제일 튀어나온 부분이기 때문에 소홀히 하면 넓어지거나 좁아지기가 쉽다. 주의하면서 아래까지 선을 빗질한 후 네이프nape에서 4~4.5cm 정도로 두상 각도를 유지하면서 와인딩을 한다.

다섯째, 백사이드back side 블로킹에 관한 유의점이다. 사이드 꼭짓점과 백 포인트 아래쪽 꼭짓점을 사선으로 연결하고 사선의 흐름이 너무 강하거나 완만하지 않도록 주의한다.

여섯째, 네이프nape 블로킹에 관한 유의점이다. 백 포인트 선에 맞추어 너무 넓거나 좁아지지 않도록 한다.

## 1) 5등분 좌측 블로킹 와인딩

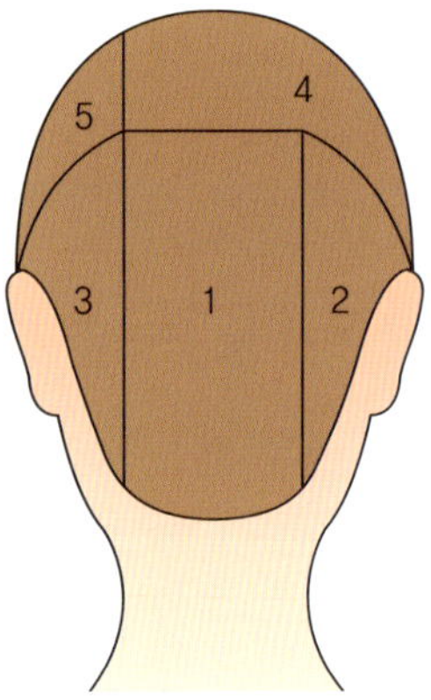


5등분 블로킹 와인딩 시술순서

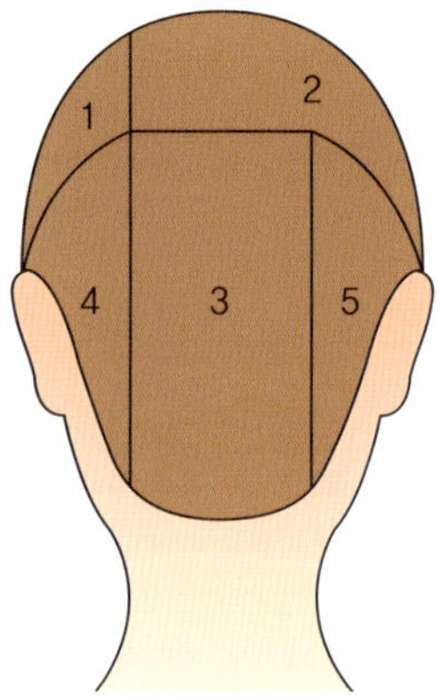


5등분 블로킹 시술순서

7

8

9

10

11

12

13

14

15

16

17

18

19

20

21

## 2) 5등분 우측 블로킹 와인딩

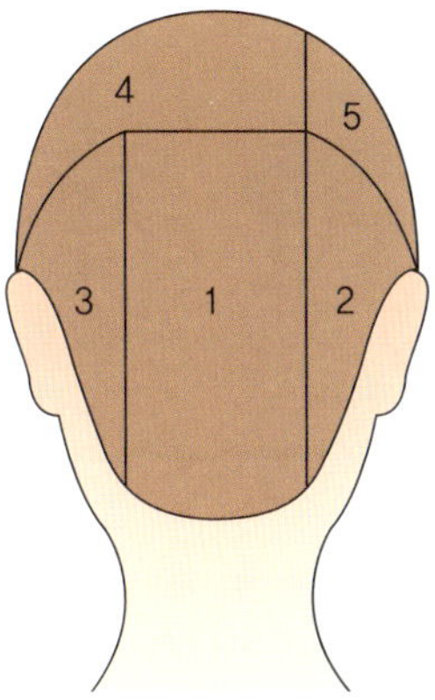


5등분 블로킹 와인딩 시술순서

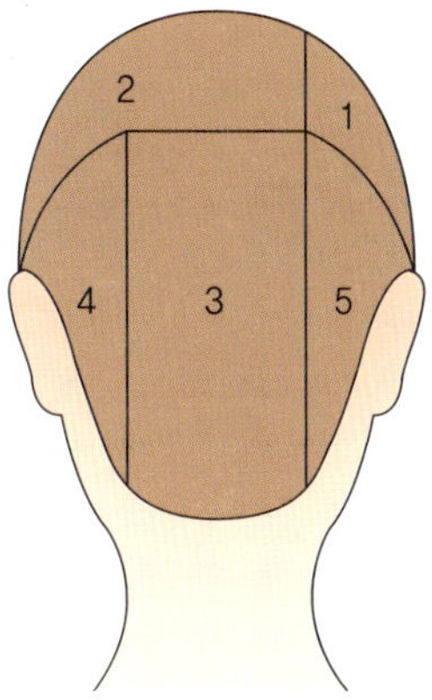


5등분 블로킹 시술순서

1

2

3

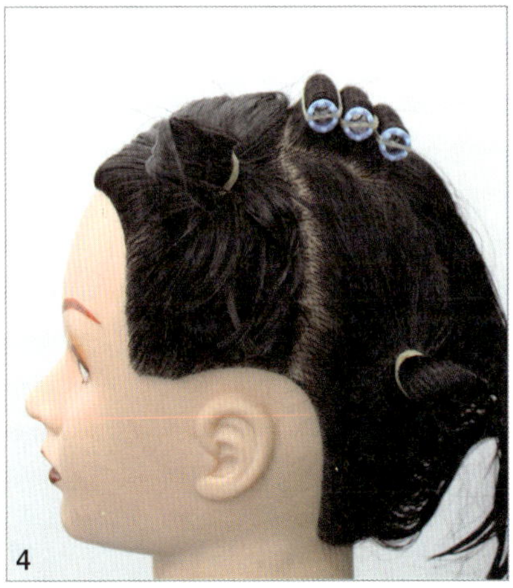
4

5

6

7

8

9

10

11

12

13

14

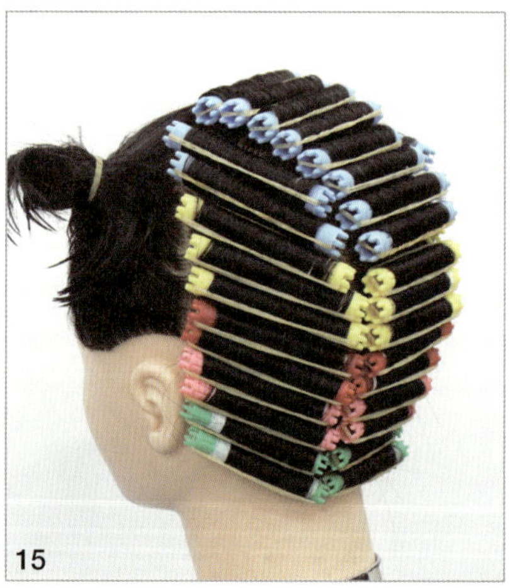
15

16

17

18

19

20

21

### 3) 5등분 센터 블로킹 와인딩

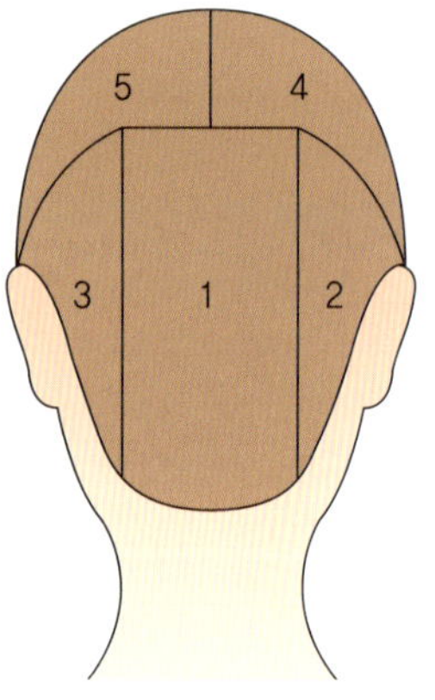


5등분 블로킹 와인딩 시술순서

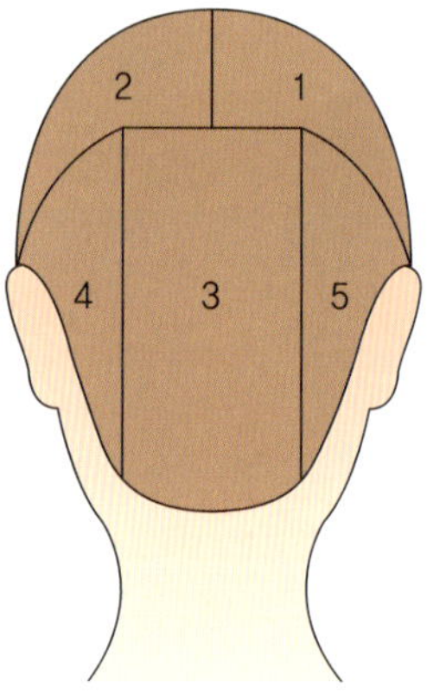


5등분 블로킹 시술순서

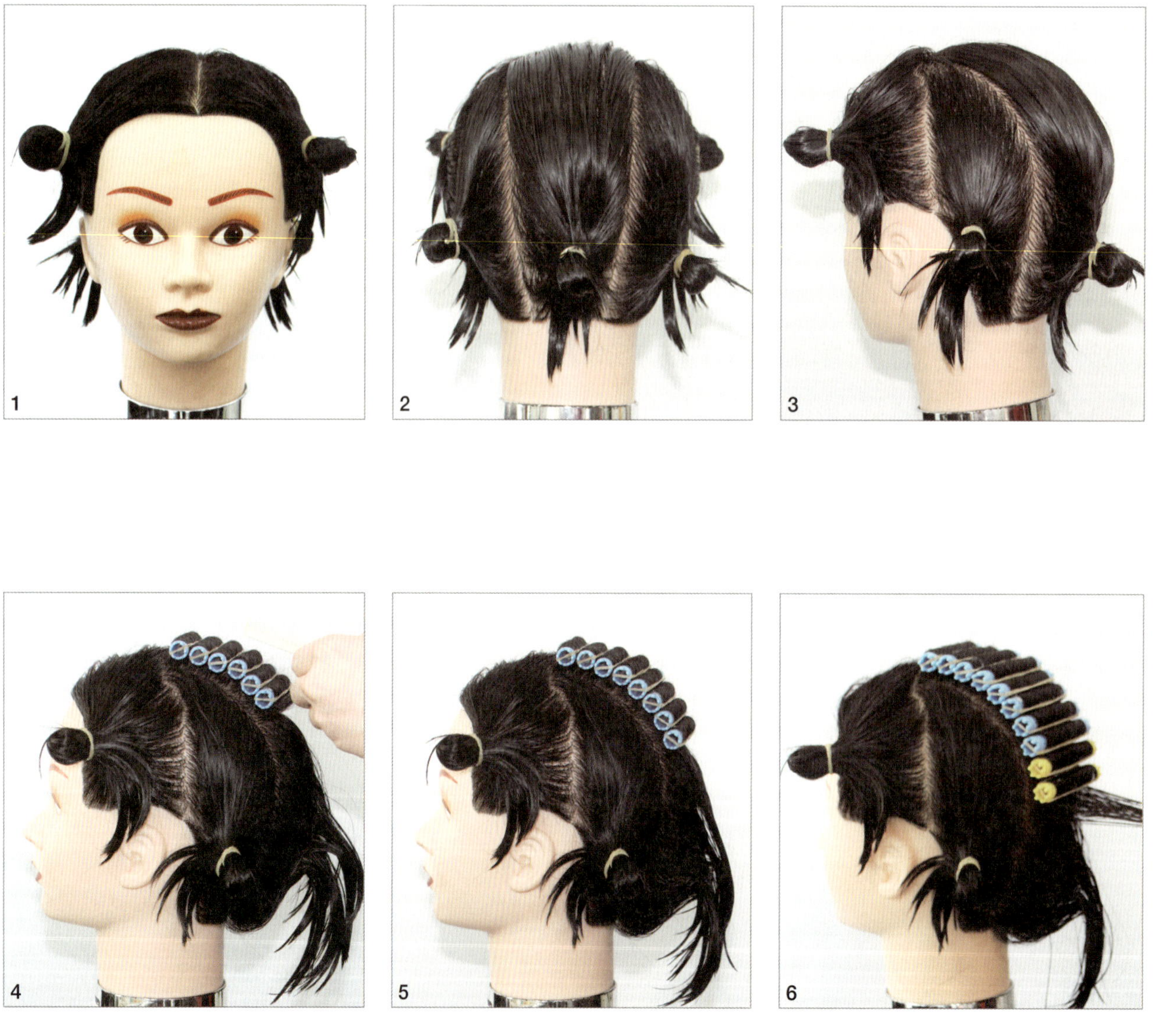

7

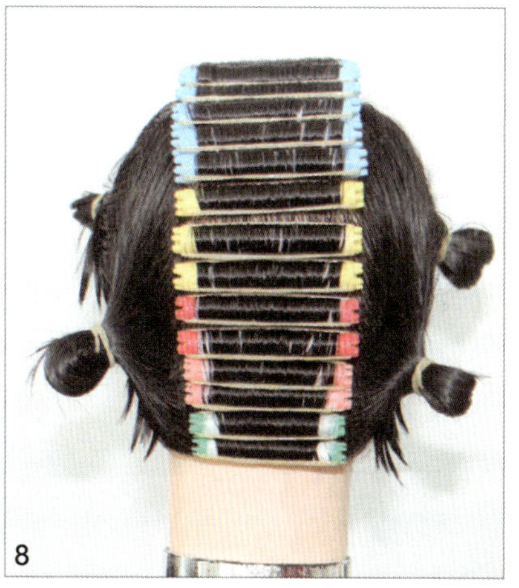
8

9

10

11

12

13

14

15

16

17

18

19

20

21

## 4) 9등분 블로킹 와인딩

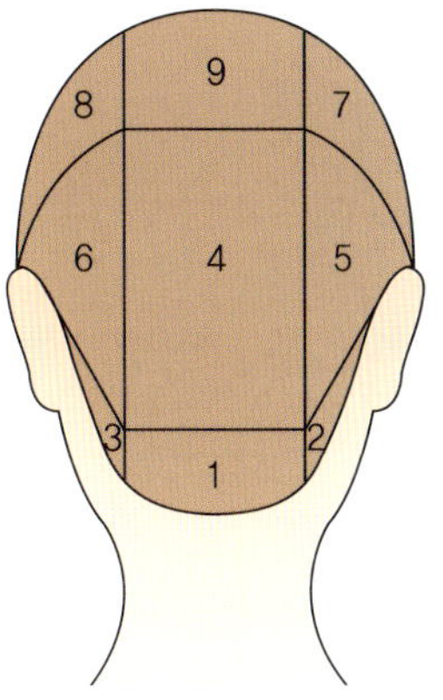

9등분 블로킹 와인딩 시술순서

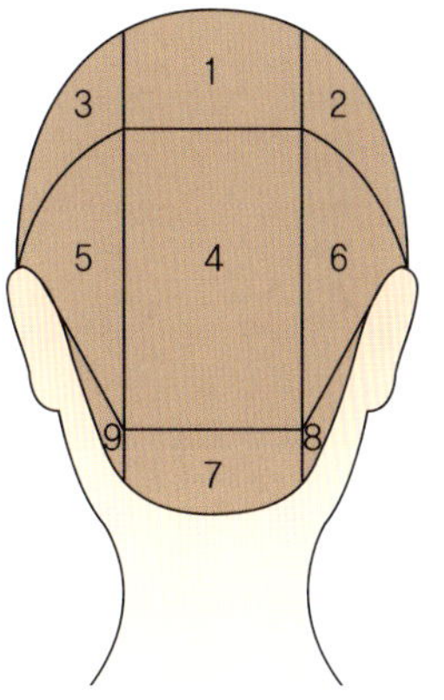

9등분 블로킹 시술순서

1

2

3

4

5

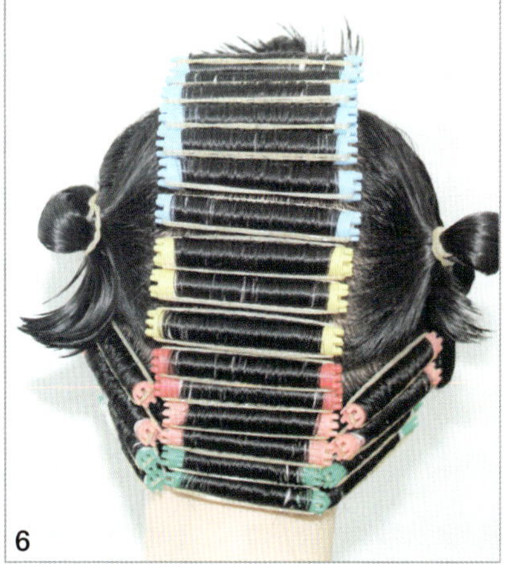
6

7

8

9

10

11

12

13

14

15

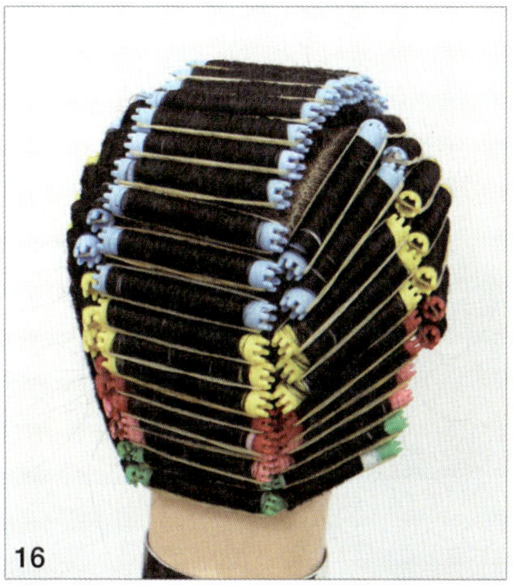
16

17

18

19

20

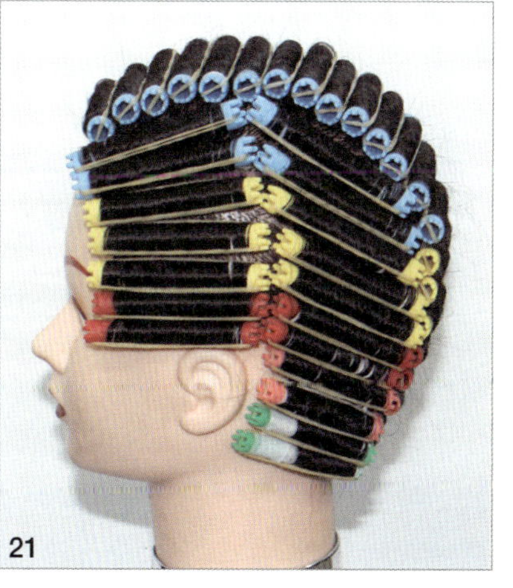
21

## 5) 10등분 블로킹 와인딩

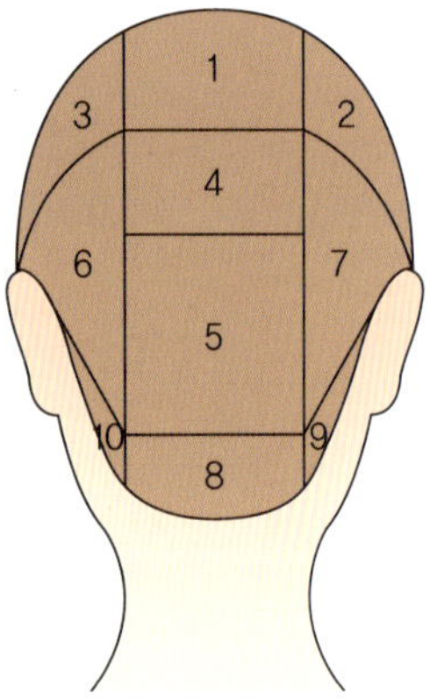


10등분 블로킹 시술순서

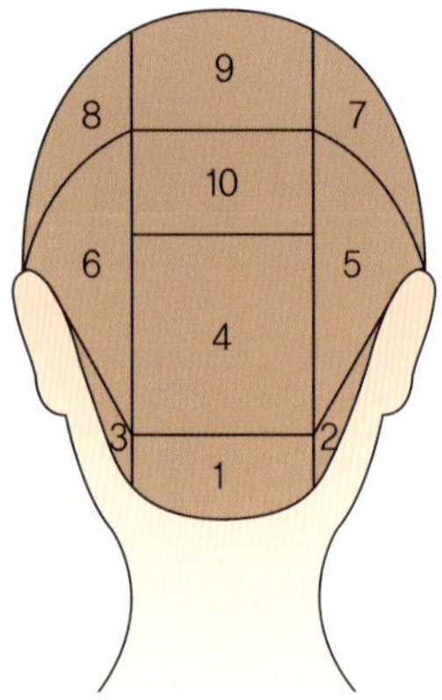


10등분 블로킹 와인딩 시술순서

1

2

3

4

5

6

7

8

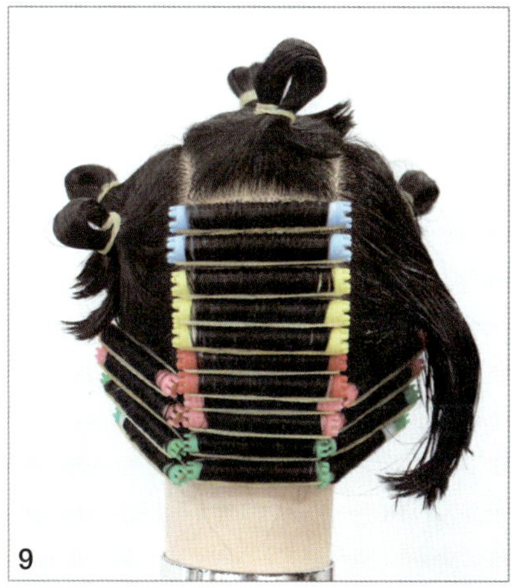
9

10

11

12

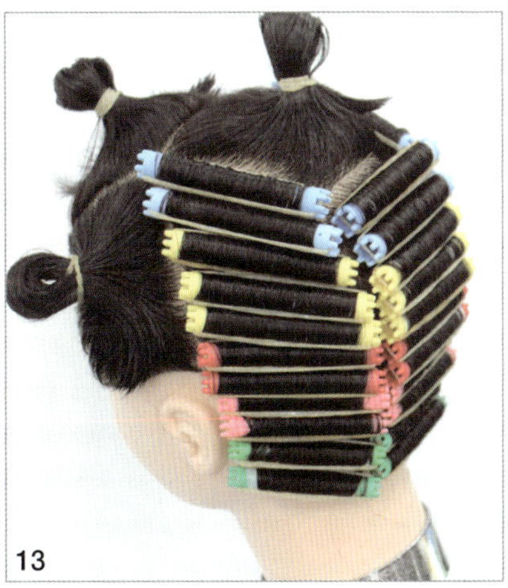
13

14

15

16

17

18

19

20

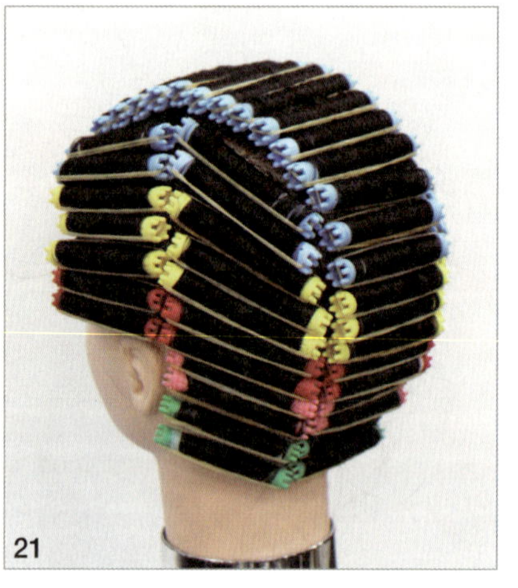
21

Chapter 9

# 와인딩 테크닉의 종류

1. 디자인 분석에 따른 와인딩
2. 디자인 형태 분석에 따른 와인딩

FUN FUN Basic Perm

Chapter 9

# 와인딩 테크닉의 종류

## 1. 디자인 분석에 따른 와인딩

디자인에서는 와인딩 테크닉에 따라 웨이브가 다르게 연출되며 이로 인한 스타일 변화를 다양하게 연출할 수 있다. 어떤 웨이브 펌을 하는지에 따라 얼굴의 이미지가 다르게 표현되기 때문에 디자인 분석은 매우 중요한 부분이다.

웨이브의 원리를 이해하려면 수평 섹션, 수직 섹션, 전대각 섹션, 후대각 섹션의 웨이브 형태를 분석하여 펌 스타일을 연출하므로 와인딩 테크닉을 가장 기본적으로 꼭 알아두어야 한다. 또한 와인딩 테크닉에 따라 웨이브 형태를 분석하고 고객에게 어울리는 웨이브를 연출하는 것을 이해하는 과정이다.

## 1) 수평 와인딩

수평 섹션으로 와인딩을 하면 모류의 방향이 아래네이프로 흐르고 볼륨감과 부피감을 최대한 살릴 수 있다. 웨이브는 좌우로 움직이는 형태로 형성되며 모발의 머리 길이가 짧아 보인다.

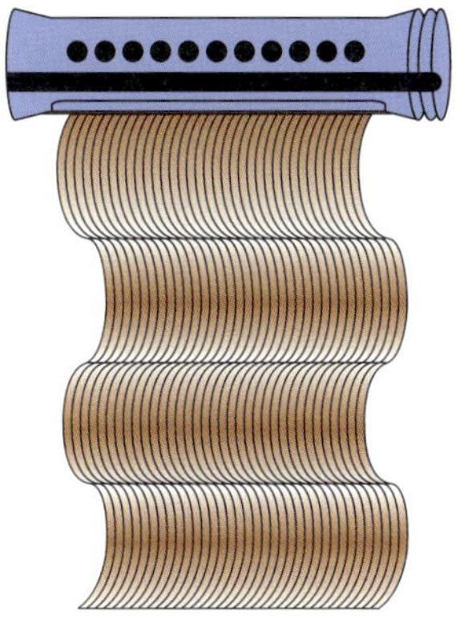

1

2

3

4

5

6

7

8

9

10

11

12

13

14

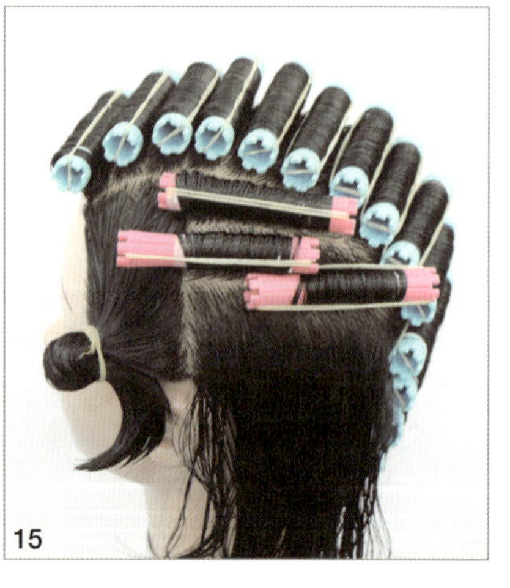
15

16

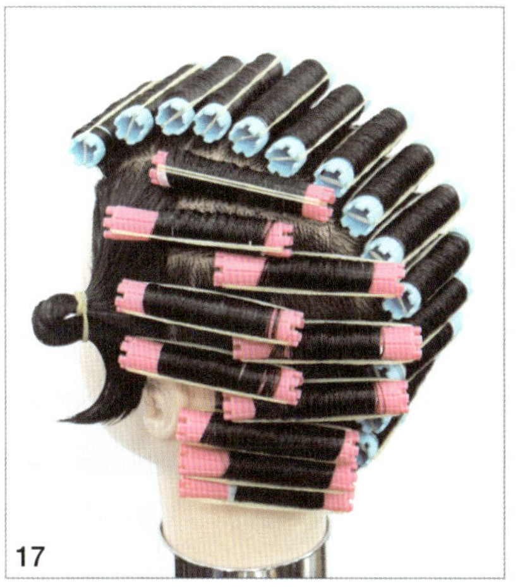
17

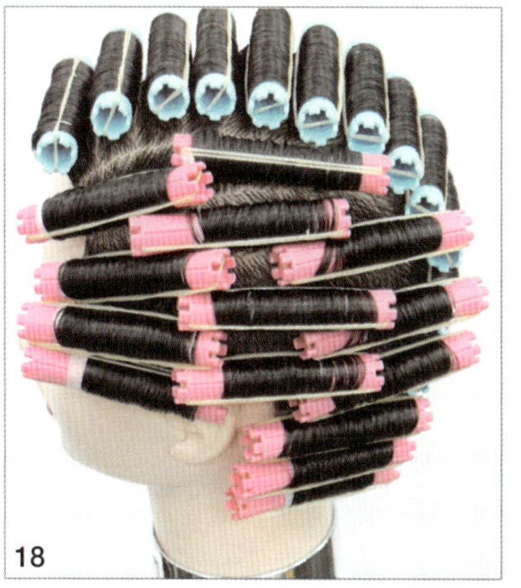
18

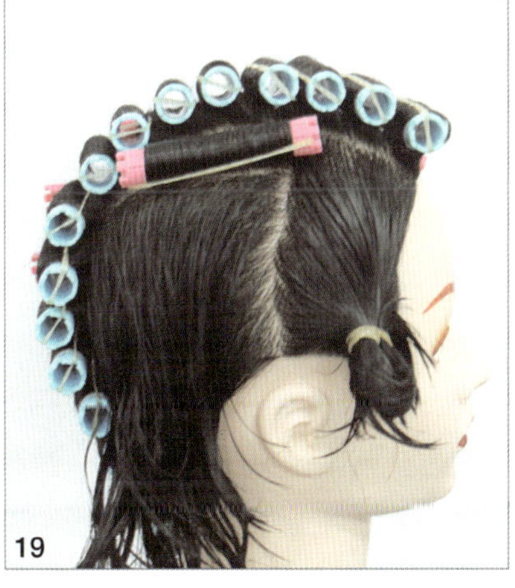
19

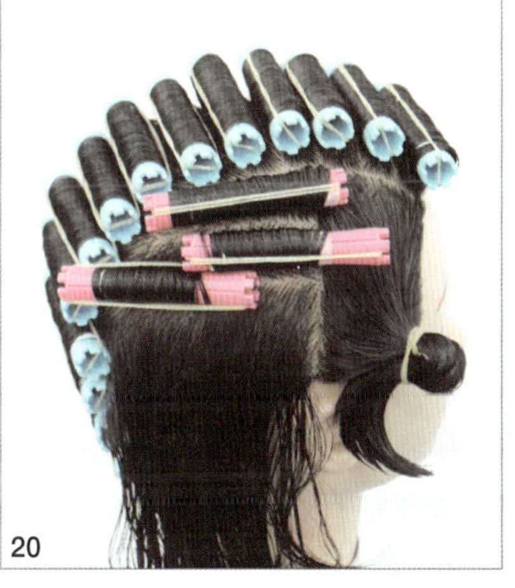
20

21

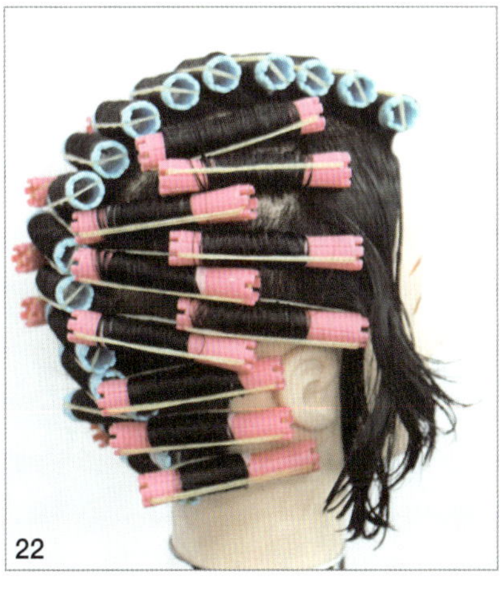
22

23

24

## 2) 전대각 와인딩

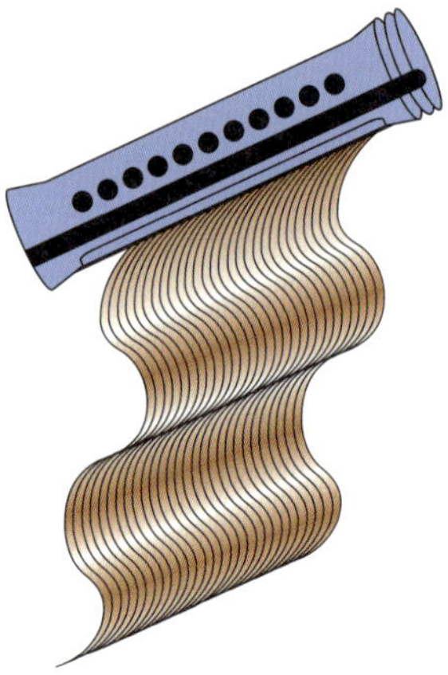

전대각 섹션으로 와인딩을 하면 웨이브가 얼굴을 드러낼 수 있으며 모류가 리버스reverse 방향으로 형성된다.

1

2

3

4

5

6

7

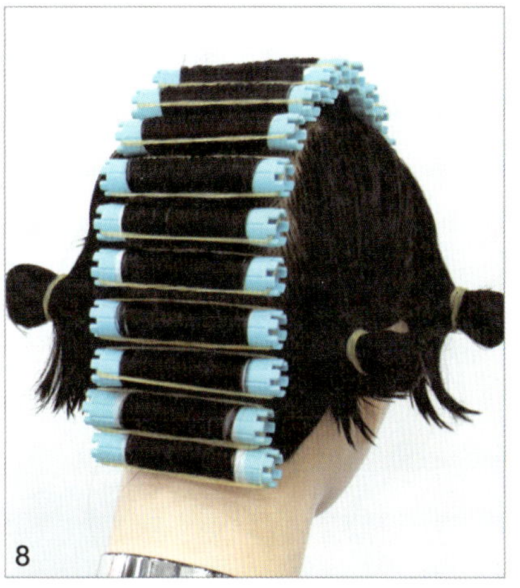

8

9

10

11

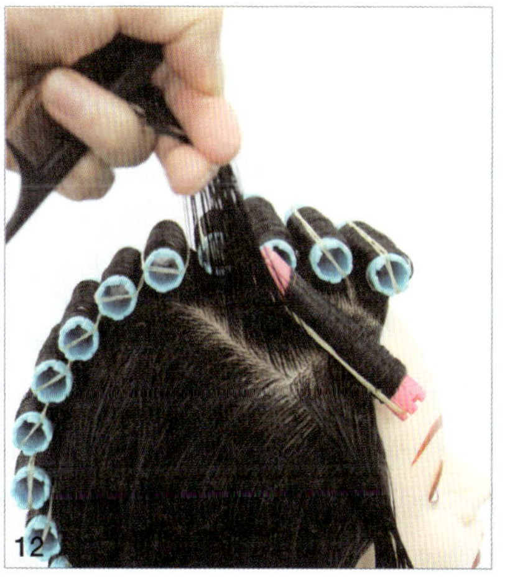

12

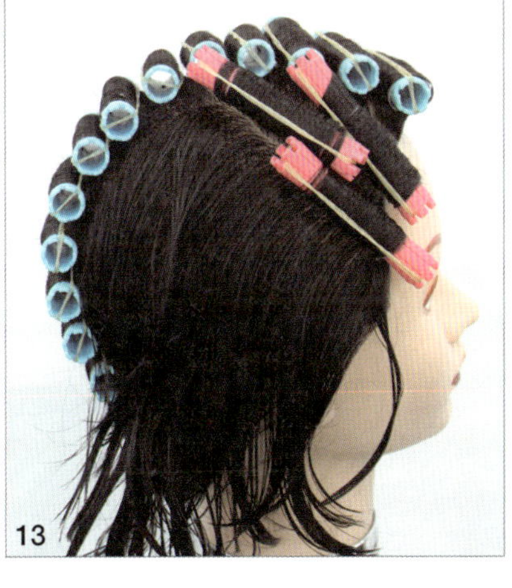

13

14

15

16

17

18

19

20

21

22

23

24

### 3) 후대각 와인딩

후대각 섹션으로 와인딩을 하면 모류가 포워드 방향으로 형성되며 얼굴형을 감싸준다.

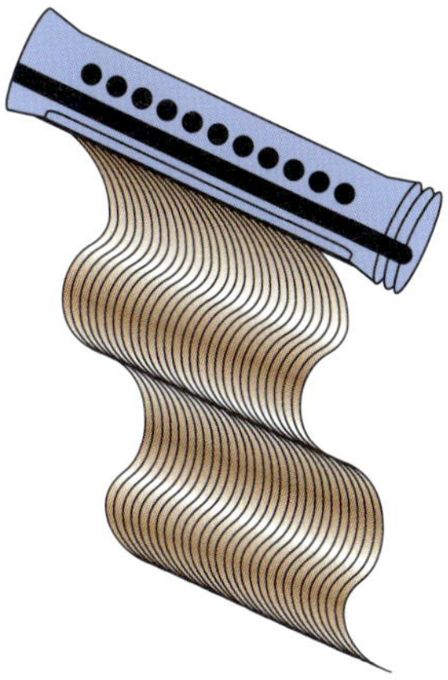

1

2

3

4

5

6

7

8

9

10

11

12

13

14

15

16

17

18

19

20

21

22

23

24

## 4) 수직 와인딩

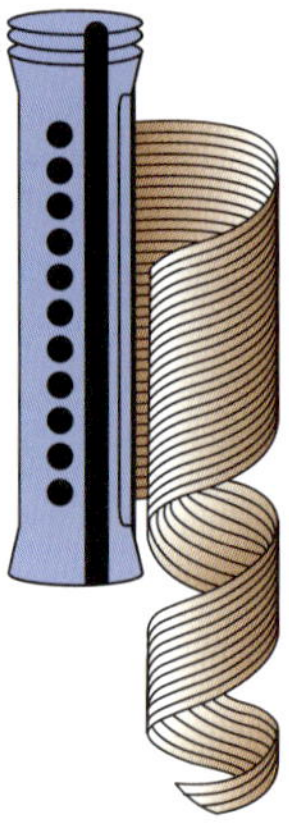

수직 섹션으로 할 때에 포워드 방향으로 시술하면 얼굴을 감싸주고 리버스로 시술하면 얼굴형이 드러나게 되며, 볼륨감과 부피감이 적어 보이고 모발의 길이가 길어 보인다.

1

2

3

4

5

6

7

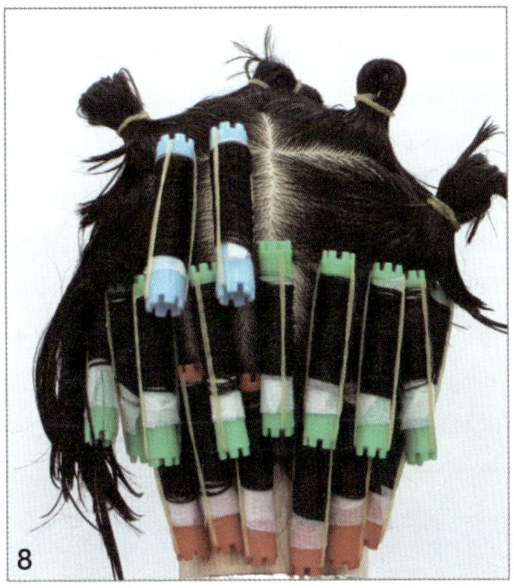
8

9

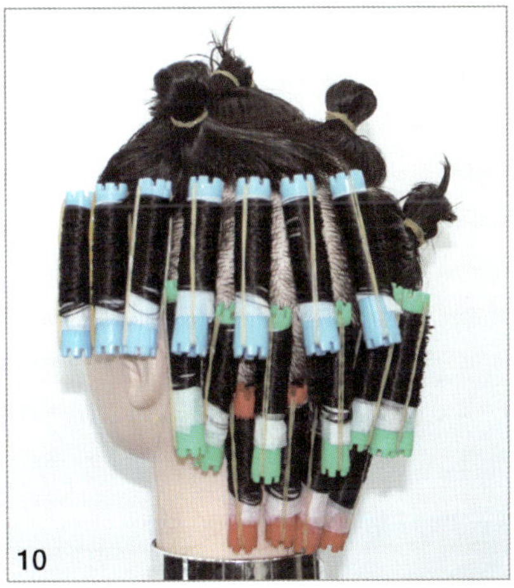
10

11

12

13

14

15

16

17

18

19

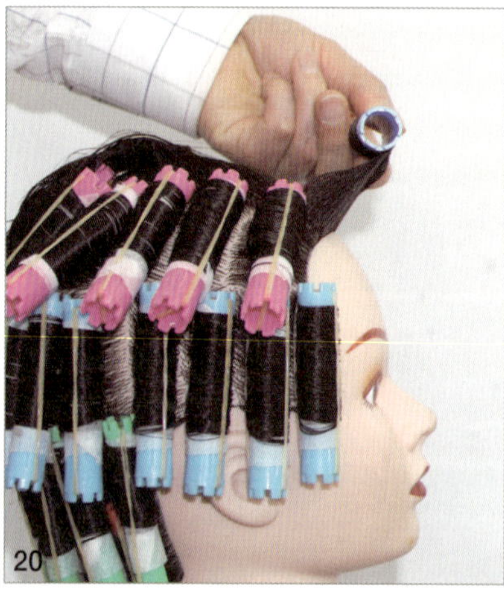
20

21

22

23

24

## 2. 디자인 형태 분석에 따른 와인딩

### 1) 블록 와인딩

블록 와인딩 테크닉은 로드를 겹치면서 벽돌을 쌓듯이 와인딩을 하는 기법으로 볼륨감을 최대한 살리는 와인딩 테크닉이다.

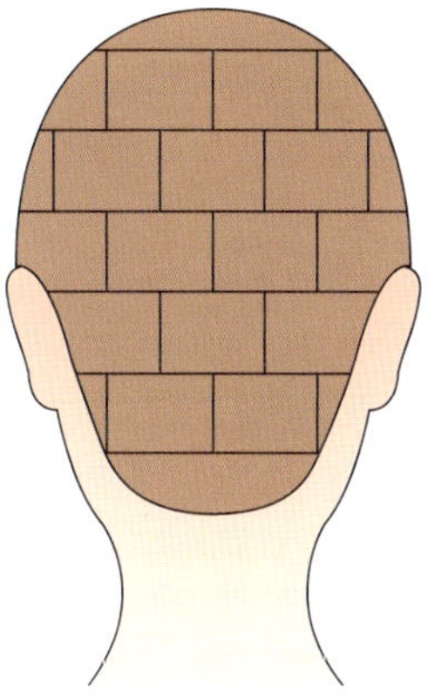

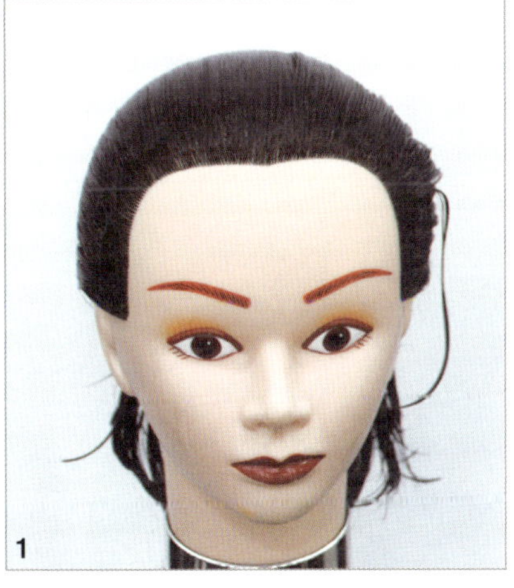

1

2

3

4

5

6

7

8

9

10

11

12

13

14

15

16

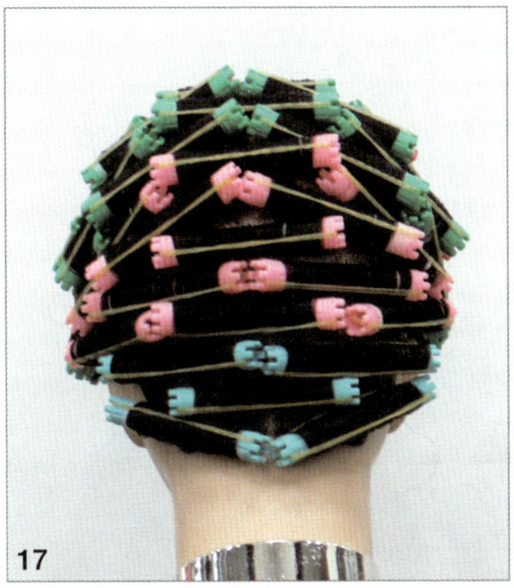
17

18

19

20

21

22

23

24

## 2) 사선 와인딩

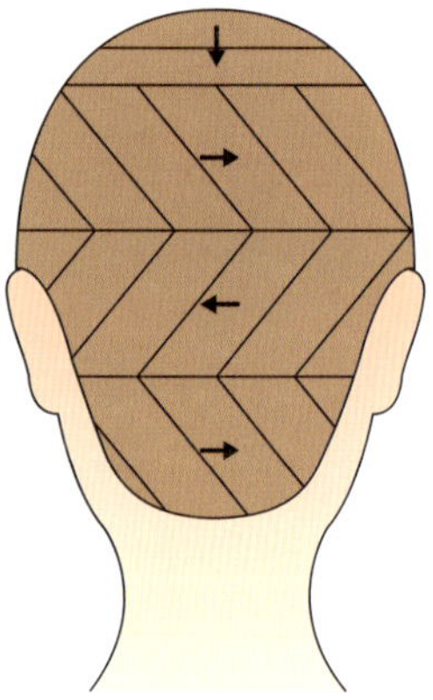

사선 와인딩 테크닉은 로드를 대각으로 일정하게 와인딩을 하는 기법으로 웨이브의 흐름을 연결감이 있게 연출하고자 할 때 사용되는 테크닉이다.

1

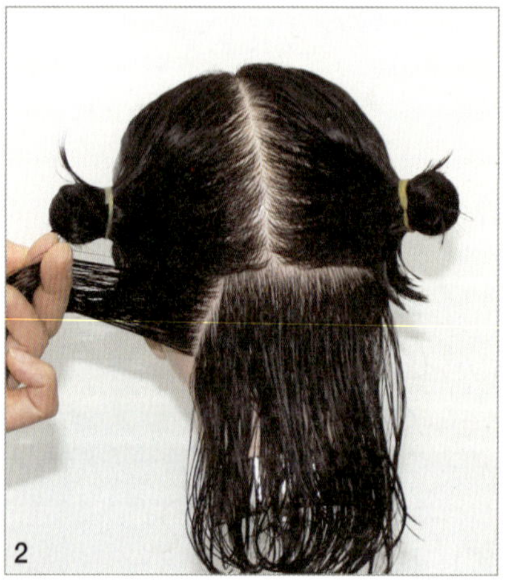

2

3

4

5

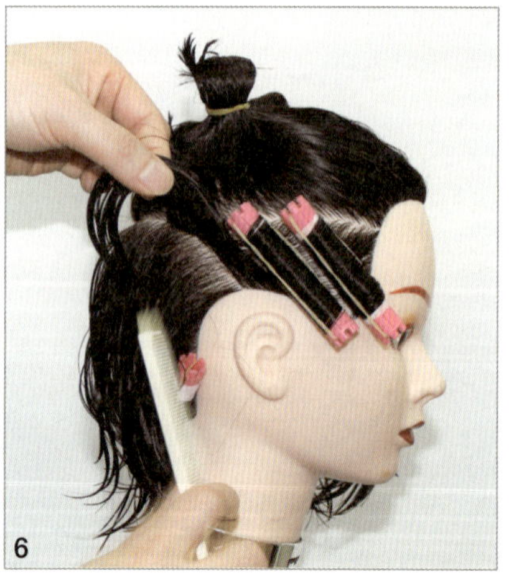

6

7

8

9

10

11

12

13

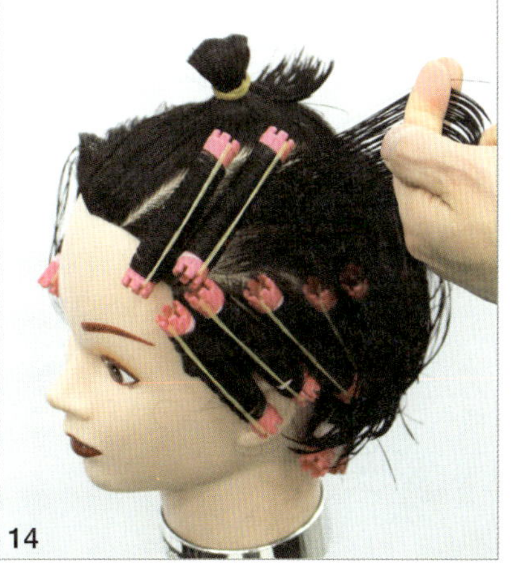
14

15

16

17

18

19

20

21

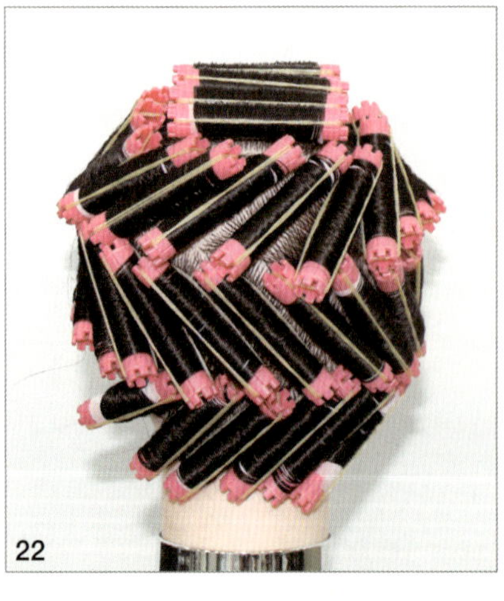
22

23

24

### 3) 윤곽 패턴 와인딩

펌 와인딩의 가장 기본적인 방법으로 두상의 곡면을 이해하여 와인딩을 하는 테크닉이다.

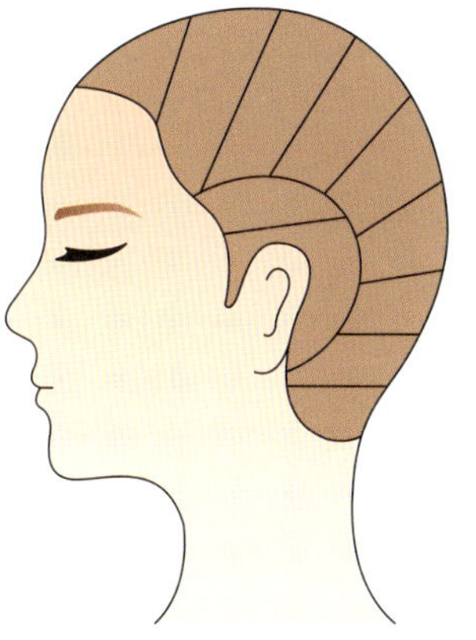

1

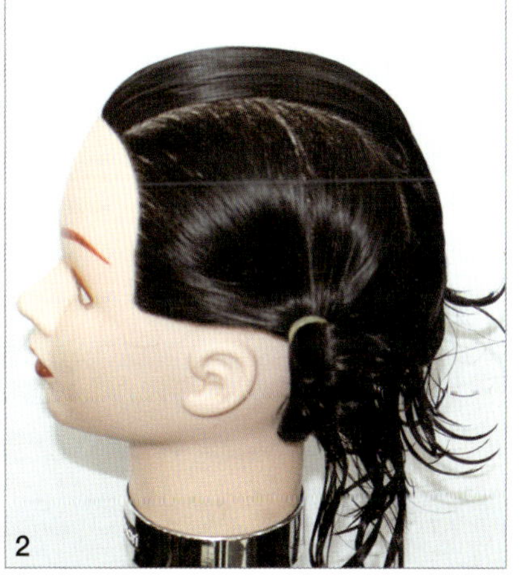

2

3

4

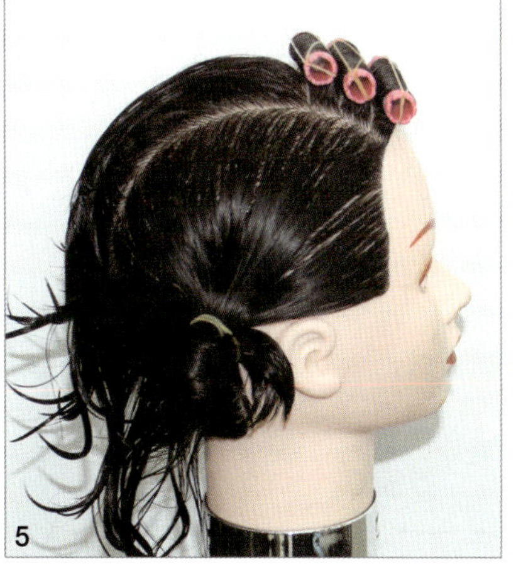

5

6

7

8

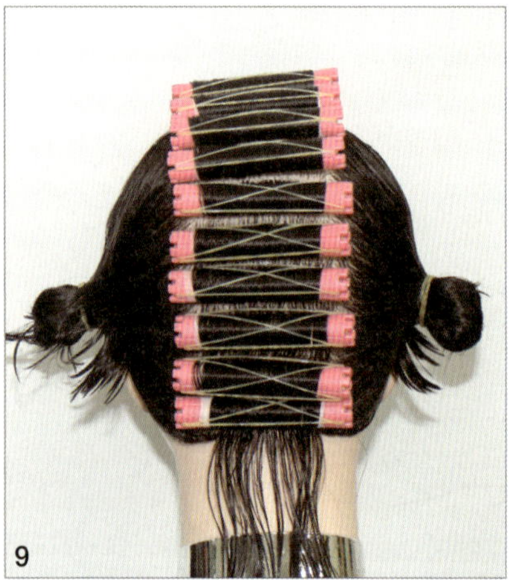

9

10

11

12

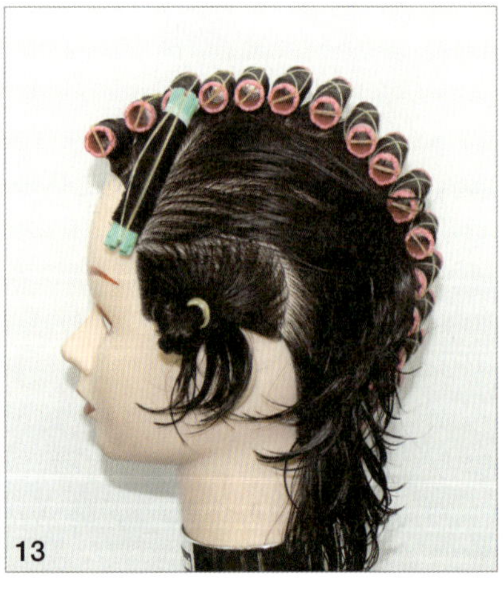

13

14

15

16

17

18

19

20

21

22

23

24

## 4) 확장원형 패턴 와인딩

측면 모습은 한 지점을 중심으로 커다란 곡선 형태로 와인딩을 하는 테크닉이다.

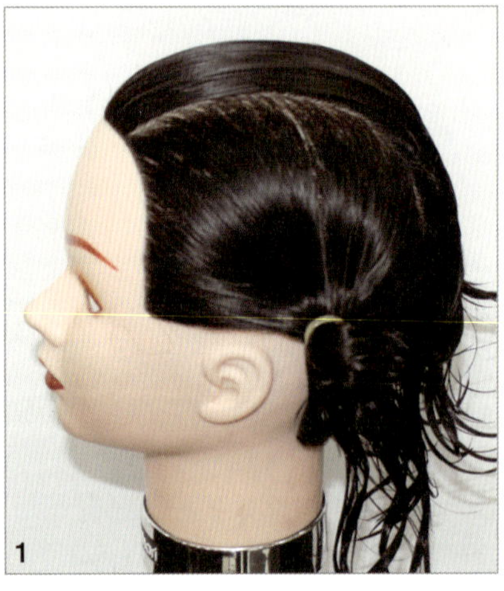

1

2

3

4

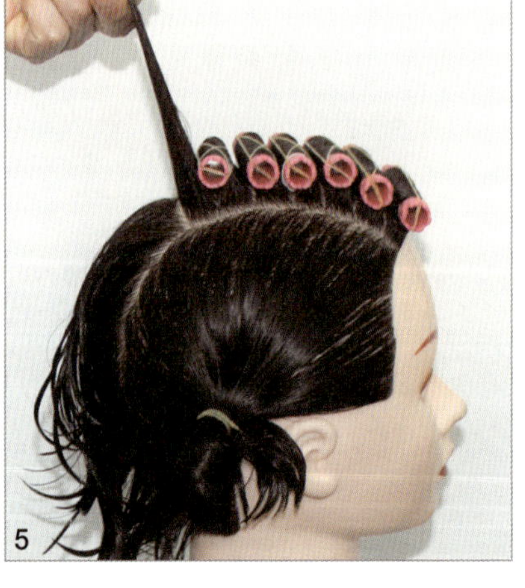

5

6

7

8

9

10

11

12

13

14

15

16

17

18

19

20

21

22

23

24

## 5) 캔들 와인딩

사이드에서 로드 폭을 좁게 모발을 잡고 수평으로 나란히 말아 가는 테크닉이다. 숱이 없는 모발이나 볼륨감을 많이 연출하고 싶을 때 적합하다.

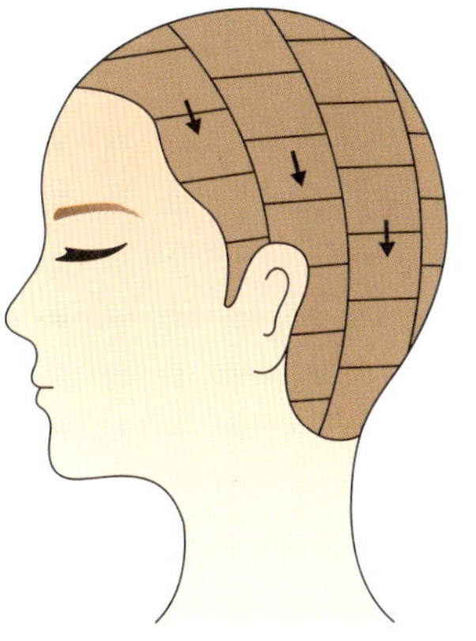

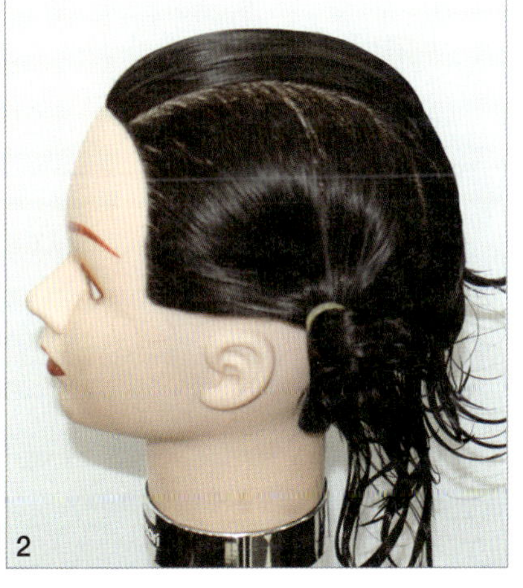

7

8

9

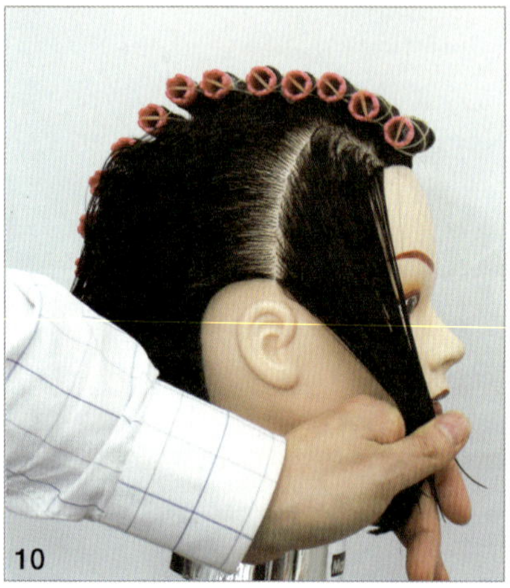
10

11

12

13

14

15

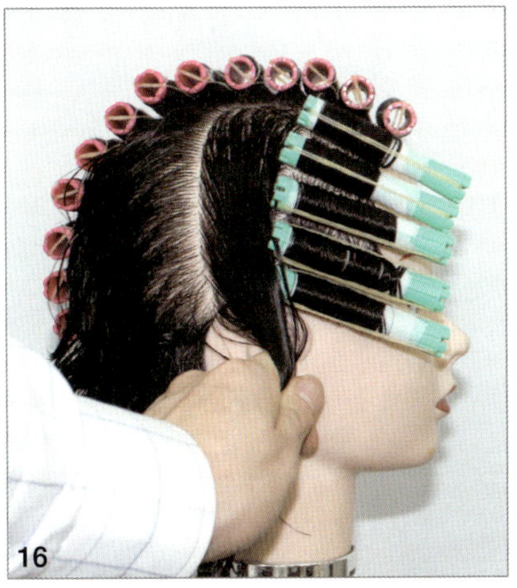
16

17

18

19

20

21

22

23

24

## 6) 트위스트 와인딩

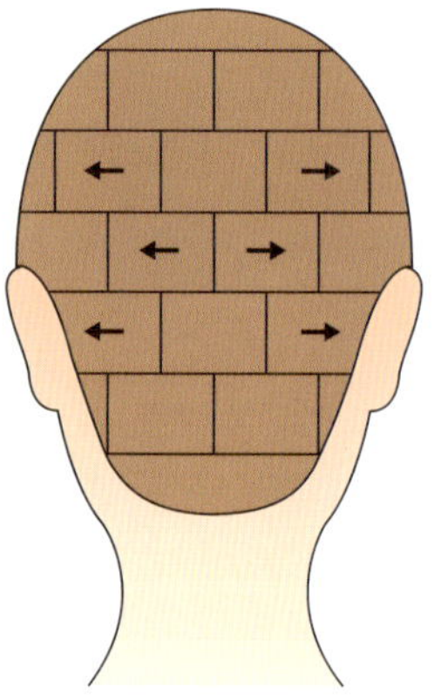

모발을 적게 잡고 모발 끝부터 와이딩을 하며 두상을 전체적으로 나선형 웨이브를 하여 볼륨감과 부피를 풍성하게 연출하는 테크닉이다.

1

2

3

4

5

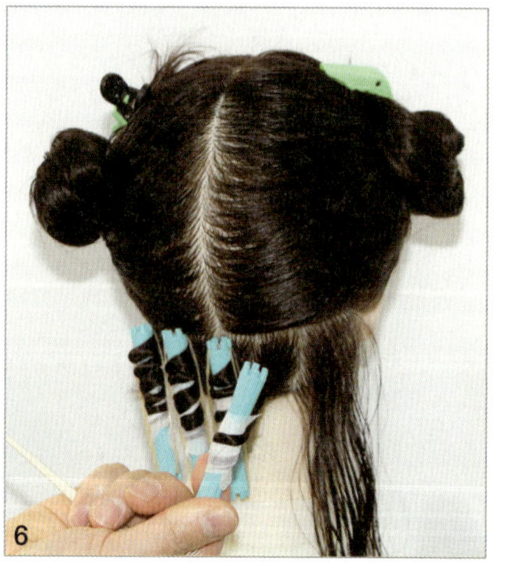

6

7

8

9

10

11

12

13

14

15

16

17

18

19

20

21

22

23

24

## 7) 백 트위스트 와인딩

모발을 적게 잡고 모발 안쪽부터 와이딩을 하며 두상을 전체적으로 나선형 웨이브로 하여 볼륨감과 부피를 풍성하게 연출하는 테크닉이다.

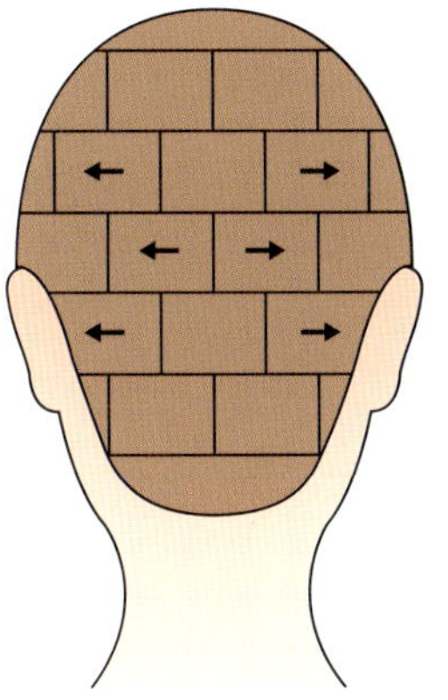

7

8

9

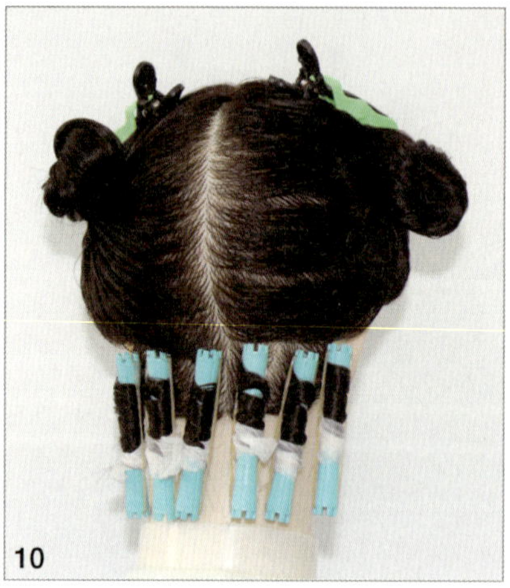
10

11

12

13

14

15

16

17

18

19

20

21

22

23

24

Chapter 10

# 펌 와인딩
## 크리에이티브 아트

FUN FUN
Basic Perm

Chapter 10

# 펌 와인딩 크리에이티브 아트

실용적인 펌 디자인을 벗어나 창의적으로 아이디어를 창출하는 헤어아트 과정으로 고정관념을 깨고 더욱 독창적인 헤어스타일을 연출하는 능력을 배양하는 과정이다. 특히 웨이브 펌을 예술과 접목시켜 창의적인 웨이브 아트로 탄생시키는 것이다. 학생들의 새롭고 창의적인 작품들을 소개해본다.

## 1. 파스타 연상 와인딩

| 주제 | 파스타 창작 와인딩 |
|---|---|
| 소재 | 접시, 포크, 야채, 과일 |
| 모티프 | 스파게티를 먹으면서 아이디어를 발상함 |

## 2. 아메리카노 연상 와인딩

| 주제 | 아메리카노 창작 와인딩 |
| --- | --- |
| 소재 | 컵, 리본, 빨대, 막대초콜릿 |
| 모티프 | 아메리카노 한 잔을 마시면서 아이디어를 발상함 |

## 3. 라면 연상 와인딩

| 주제 | 라면 창작 와인딩 |
| --- | --- |
| 소재 | 라면, 파, 젓가락, 야채 |
| 모티프 | 라면을 먹으면서 아이디어를 발상함 |

## 4. 메이크업 아트 연상 와인딩

| 주제 | 메이크업 도구를 이용한 창작 와인딩 |
|---|---|
| 소재 | 거울, 메이크업 브러시, 꽃 장식 |
| 모티프 | 거울을 보면서 아이디어를 발상함 |

## 5. 아메리카인디언 여인 연상 와인딩

| 주제 | 아메리카인디언 여인 창작 와인딩 |
|---|---|
| 소재 | 깃털, 색도화지, 이쑤시개 |
| 모티프 | 아메리카인디언 스타일의 깃털을 이용하여 신비감이 들도록 연출함 |

## 6. 고깔모자 연상 와인딩

| 주제 | 고깔모자 창작 와인딩 |
|---|---|
| 소재 | 공, 긴 막대, 리본 |
| 모티프 | 유럽 중세 스타일을 보면서 아이디어를 발상함 |

## 7. 공작새 연상 와인딩

| 주제 | 공작새 창작 와인딩 |
|---|---|
| 소재 | 깃털, 골판지, 리본 |
| 모티프 | 공작새 깃털을 이용하여 신비감이 들도록 연출함 |

## 8. 버섯 연상 와인딩

| 주제 | 버섯 창작 와인딩 |
| --- | --- |
| 소재 | 팽이버섯, 표고버섯 |
| 모티프 | 버섯 샤브샤브를 먹으면서 아이디어를 발상함 |

## 9. 장미꽃 연상 와인딩

| 주제 | 장미꽃 |
| --- | --- |
| 소재 | 장미꽃, 리본, 수수깡 |
| 모티프 | 꽃구경을 하면서 장미를 보고 헤어 창작에 응용함 |

## 10. 김밥 연상 와인딩

| 주제 | 김밥마니아 |
|---|---|
| 소재 | 검은색 시트지, 로드, 롤 |
| 모티프 | 식당에서 김밥을 먹다가 헤어 창작에 응용함 |

## 11. 오징어 연상 와인딩

| 주제 | 친구와의 대화 |
|---|---|
| 소재 | 오징어, 캔맥주, 소시지, 과자 |
| 모티프 | 친구와 술을 한 잔 하면서 아이디어를 발상함 |

## 12. 화이트데이 연상 와인딩

| 주제 | 슈퍼마켓 쇼핑 |
|---|---|
| 소재 | 사탕, 과자 |
| 모티프 | 대형 슈퍼마켓을 구경하면서 아이디어를 발상함 |

| 주제 | 파티 |
|---|---|
| 소재 | 사탕, 도화지, 꽃 |
| 모티프 | 아이스크림케이크를 보면서 아이디어를 발상함 |

| 주제 | 화이트데이 |
|---|---|
| 소재 | 막대사탕 |
| 모티프 | 화이트데이의 사탕을 보고 아이디어를 발상함 |

## 13. 신전 연상 와인딩

| 주제 | 그리스 신전의 여인 |
|---|---|
| 소재 | 꽃, 골판지, 리본 |
| 모티프 | 고대 그리스 신전을 보면서 아이디어를 발상함 |

## 14. 부채 연상 와인딩

| 주제 | 스페인의 투우사 |
|---|---|
| 소재 | 종이, 철사, 골판지, 리본 |
| 모티프 | 투우하는 모습을 보면서 아이디어를 발상함 |

| 주제 | 꽃보다 부채 |
|---|---|
| 소재 | 꽃, 부채, 롤 |
| 모티프 | 부채와 꽃을 보면서 아이디어를 발상함 |

## 15. 천을 이용한 연상 와인딩

| 주제 | 신비한 여인 |
|---|---|
| 소재 | 리본 |
| 모티프 | 중세를 다룬 영화를 보면서 아이디어를 발상함 |

| 주제 | 옷의 변신 |
|---|---|
| 소재 | 천 |
| 모티프 | 체크남방을 보면서 아이디어를 발상함 |

## 16. 꽃다발 연상 와인딩

| 주제 | 기념일 |
|---|---|
| 소재 | 꽃 |
| 모티프 | 생일날 축하 꽃다발을 받고 아이디어를 발상함 |

| 주제 | 겨울의 여인 |
|---|---|
| 소재 | 꽃 |
| 모티프 | 나뭇가지를 보면서 아이디어를 발상함 |

| | |
|---|---|
| 주제 | 고목나무와 꽃 |
| 소재 | 나무, 꽃 |
| 모티프 | 고목나무를 보면서 아이디어를 발상함 |

## 17. 휴지곽 연상 와인딩

| 주제 | 파티 |
|---|---|
| 소재 | 골판지, 리본 |
| 모티프 | 휴지곽을 보면서 아이디어를 발상함 |

| 주제 | 휴지롤의 부활 |
|---|---|
| 소재 | 휴지곽, 꽃 |
| 모티프 | 사극을 보면서 아이디어를 발상함 |

## 18. 레게 머리 연상 와인딩

| 주제 | 레게머리 따라잡기 |
|---|---|
| 소재 | 철사 |
| 모티프 | 철사를 보고 아이디어를 발상함 |

## 19. 골판지 아트 연상 와인딩

| 주제 | 외출 준비를 끝낸 여인 |
|---|---|
| 소재 | 골판지 |
| 모티프 | 어머니의 외출 준비과정을 보고 아이디어를 발상함 |

## 20. 케이크 연상 와인딩

| 주제 | 생일파티 |
|---|---|
| 소재 | 초, 컵, 천, 리본 |
| 모티프 | 생일 케이크를 보면서 아이디어를 발상함 |

## 21. 브러시를 이용한 연상 와인딩

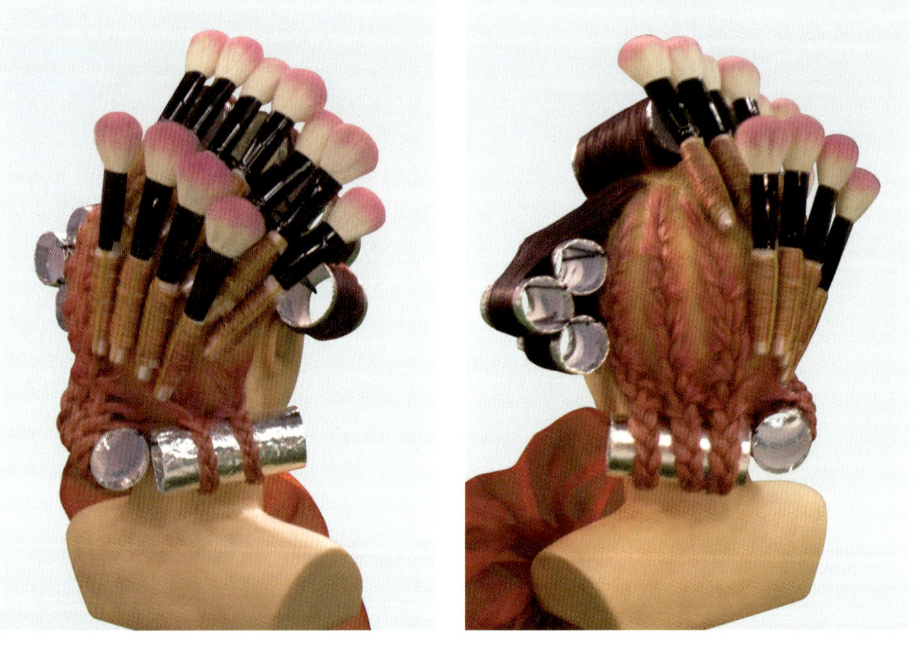

| 주제 | 화려한 외출 |
|---|---|
| 소재 | 메이크업 브러시, 휴지곽, 은박지 |
| 모티프 | 메이크업 브러시를 보면서 아이디어를 발상함 |

## 22. 수건을 이용한 연상 와인딩

| 주제 | 신혼 첫날밤 |
|---|---|
| 소재 | 목욕타월 |
| 모티프 | 샤워하다가 아이디어를 발상함 |

## 23. 나선형 연상 와인딩

| 주제 | 스프링 |
|---|---|
| 소재 | 투명 튜브, 나무꼬치 |
| 모티프 | 볼펜 안의 스프링을 보면서 아이디어를 발상함 |

## 24. 컵을 이용한 연상 와인딩

| | |
|---|---|
| 주제 | 정렬의 여인 |
| 소재 | 컵 |
| 모티프 | 물컵에서 아이디어를 발상함 |

| | |
|---|---|
| 주제 | 생일파티 뮤직 |
| 소재 | 종이컵 |
| 모티프 | 컵을 보면서 아이디어를 발상함 |

## 25. 어우동 연상 와인딩

| 주제 | 어우동의 신바람 |
|---|---|
| 소재 | 종이, 젓가락 |
| 모티프 | 사극 드라마의 어우동을 보면서 아이디어를 발상함 |

Chapter 11

# 모발에 관련한 오해와 진실

FUN FUN Basic Perm

# Chapter 11 모발에 관련한 오해와 진실

모발 손상을 방지하고 건강한 두피와 머릿결을 유지하는 데 도움을 주는 방법은 여러 가지가 있다. 그동안 잘못 알고 있었던 모발에 관한 오해를 풀어보고 진짜 도움이 되는 방법을 찾아보자.

**컬러감이 있는 색상으로 염색하면 퇴색(물빠짐)이 더 빨리 진행되나요?**

**YES**

영구 염모제라도 시술 후에는 시간이 지남에 따라 반사 빛이 퇴색되는 것은 당연하다. 특히 차가운 계열인 녹색 계열과 청색 계열은 따뜻한 계열인 붉은색 계열과 노란색 계열, 오렌지 계열보다 2배 큰 색소를 가지고 있어서 샴푸를 할 때마다 퇴색 현상이 시각적으로 크게 느껴진다. 그리고 반사 빛색감이 퇴색되는 요인인 자외선, 샴푸, 열기구 등에 의해서도 각각의 색소가 반응하여 퇴색의 정도가 달라질 수 있다.

뜨거운 물을 피하고 컬러전용 샴푸를 사용하면 퇴색을 어느 정도는 늦출 수 있으며 또한 1주일 후에 산성컬러제인 헤어매니큐어를 도포해주면 빛나는 머릿결을 오랫동안 유지할 수 있다.

**햇살이 뜨거운 여름, 머리카락에는 자외선 차단제가 필요 없나요?**

**NO**

자외선은 피부와 마찬가지로 모발에도 영향을 미친다. 따라서 자외선에 노출되는 사계절 내내 모발의 자외선 차단은 매우 중요하며, 특히 자외선 지수가 높은 여름에는 각별히 모발 관리에 주의를 기울어야 한다. 모발의 주성분인 케라틴 단백질은 자외선에 의해 변질되어 모발이 거칠어지고 윤기와 탄력을 잃게 된다. 이와 더불어 두피까지 건조하게 만들어 결국 탈모, 탈색까지 가져오기 때문에 각별히 주의해야 한다.

한여름 뜨거운 태양 아래에서 운동, 나들이나 일을 할 때는 반드시 모자를 착용하는 것이 바람직하다. 또한 땀을 많이 흘렸을 때는 시원한 물로 샴푸하여 두피와 모발의 열을 식혀주고 케라틴 단백질 제품을 이용하여 모발을 관리해주는 것도 아주 좋은 방법이다.

수영장에서는 수영모를 꼭 써야 하나요?
**YES**

수영장은 물을 살균하여 일반 수돗물에 비해 약 2배 이상 높은 최소 0.4ppm 정도의 염소가 포함되어 있다. 이 염소는 모발 조직인 큐티클층을 손상시키는 성분으로 0.1ppm의 염소 농도에서 약 30만개의 세포가 파괴된다. 특히 모발이 염소에 노출되었을 때 손상 정도가 가장 두드러진 곳은 모발 끝부분이며 염소가 끝까지 남아 있는 곳이기 때문에 모발이 염소에 노출되는 것을 차단해줘야 한다. 따라서 수영할 때에는 반드시 수영모를 착용해야 하며, 수영모를 쓰기 전에 컨디셔너로 머리를 헹궈주면 좋다. 컨디셔너가 염소 성분에 의한 모발 손상을 방지해주고 수영 후에도 수분을 다시 보충시켜주어 건강한 두피와 머릿결을 유지하는 데 도움을 준다.

머리를 세게 묶으면 탈모 예방에 좋고 빨리 자라나요?
**NO**

모발은 아주 섬세한 조직이기 때문에 너무 당겨 묶게 되면 오히려 자극이 되어 성장주기를 채우지 못하고 쉽게 빠지게 된다. 그 예로 머리를 세게 묶으면 모발에서 하얀 물질이 딸려 나오는 것을 볼 수 있는데, 이것은 모근 안에서 모발을 감싸고 있으면서 모발을 곧게 자라도록 도와주는 내외모근초이다. 이 내외모근초가 유실되면 모발이 자라기에 좋지 않으므로 머리는 되도록 묶지 않고 자연스럽게 풀어 주는 것이 좋다.

머리카락은 개인차가 조금씩 있지만 평균적으로 한 달에 1~1.5cm씩 자란다. 다만 손상이 심한 모발의 경우 끊어지거나 갈라지게 되므로 주기적으로 다듬어 주는 것이 좋으며, 평소 건강한 두피와 모발을 지키기 위해 영양소를 충분히 섭취하면 모발은 잘 자라게 된다.

찜질방이나 사우나에 갈 경우, 건조한 모발로 들어가는 것이 좋나요?
**NO**

모발이 젖은 상태에서 찜질방이나 사우나에 들어가게 되면 수분이 증발하면서 동시에 모발 안의 수분까지 증발하여 모발 상태가 푸석해지기 쉽다. 이는 마른 모발 또한 마찬가지다. 모발이 무방비 상태로 뜨거운 열에 장기간 노출되면 모발의 수분이 감소, 혹은 건조해질 뿐 아니라 큐티클층에 손상이 올 수 있다. 이럴 때에는 헤어팩이나 트리트먼트를 모발에 발라주고 들어가면 오히려 스팀 효과를 주어 성분이 잘 흡수될 수 있도록 도와준다. 사우나도 하고 모발 트리트먼트 관리도 가능하여 1석 2조다.

머리를 선풍기로 말려주어야 손상을 줄일 수 있나요?
**NO**

모발의 가장 겉 표면은 큐티클층으로 생선의 비늘 모양처럼 되어 있는데, 샴푸를 하면 큐티클층이 들뜨게 되어 지저분하고 윤기 없이 건조될 수 있다. 또 샴푸한 후에는 무조건 자연 건조시키는 것이 두피와 모발 건강에 좋다는 속설도 있다. 그러나 습한 곳에는 곰팡이와 같은 세균이 번식하듯이 두피 역시 습한 상태에서는 비듬 생성과 동시에 비듬균이 선호하는 환경이 되기 쉽다. 그러므로 샴푸한 후 머리를 말릴 때에는 수건으로 물기를 충분히 제거하고 처음에는 따뜻한 바람으로 말려주다가 수분이 70~80% 건조되면 찬바람으로 위에서 아래로 바람이 향하도록 한 후 말려주어야 열려 있던 큐티클층이 정돈되면서 윤기 있게 머리를 말릴 수 있다. 모발이 젖어 있는 상태에서는 마찰에 약한 상태이므로 빗질도 모발이 마른 후에 하는 것이 적당하다.

**가을에는 비듬과 탈모가 심해지나요?**

**YES**

가을이 되면 유난히 모발에 대해 걱정하는 사람들이 많아진다. 어깨에 떨어지는 비듬 때문에 걱정이 많아진다. 이 뿐만 아니라 지성 두피의 경우 피지 때문에 엉겨 붙어 있는 비듬이 불결한 느낌까지 주고 후에 탈모까지 영향을 주게 되므로 미리미리 관리를 해야 한다.

특히 환절기에 이러한 탈모가 더욱 잦아지면 그 스트레스는 어느 때보다 더 심해진다. 여름내 자극을 받은 두피는 차가워진 공기에 더욱 민감해지면서 예민해진다. 그리고 약해진 두피로 인해 모발에 영양 공급이 제대로 되지 않아 가늘어지고 결국 빠지게 되는 것이다. 10월은 이런 현상이 두드러지는 시기이므로 세심한 두피 관리가 필요하다.

**염색 컬러가 밝을수록 머릿결이 더 손상되고 건조해지나요?**

**YES**

염색이 머리카락을 빠지게 하거나 혹은 얇아지게 한다는 과학적인 증거나 생리학적인 근거는 없다. 또한 염색약의 사용에 의해 암이 발병하지 않는다고 많은 연구들이 결론을 내려왔다. 그러나 일반적으로 밝게 염색할수록 모발은 좀 더 건조해지고 손상을 입게 되는 것은 사실이다. 블리치나 금발 염색은 자연스러운 브라운 컬러의 염색이나 어두운 블랙 컬러 염색보다 모발을 좀 더 건조하게 만들고 손상시킨다. 하지만 염색은 패션이므로 금발 머리로 행복할 수 있다면 당당하게 염색을 하는 것이 좋다. 다만 염색된 모발의 건조함을 방지하기 위해 세심한 관리가 필요하며 정기적으로 마스크팩을 하여 수분을 공급하는 데 주의를 기울이고, 매일 컨디셔너와 에센스를 잊지 말고 사용한다.

**비타민 B의 섭취는 새치(흰머리)가 늘어나는 속도를 지연시키는 데 도움이 되나요?**

**YES**

비타민 B의 섭취량을 줄인 쥐의 경우 시간이 지날수록 점점 검은색 털 대신 하얀색 털이 자라난다. 이때 비타민 B를 보충하면 다시 검은색 털이 자라난다. 이 실험은 인간의 경우에는 증명되지는 않았지만 일반적으로 사람이 섭취하는 영양제나 화장품 등이 쥐 실험을 통해 개발되는 점을 감안할 때, 비타민 B의 섭취량에 따라 백모화 속도가 영향을 받는다. 또한 비타민 B는 스트레스를 줄여주고 신체대사 작용을 활발하게 하며 피부와 모발의 전체적인 건강 유지에도 도움이 된다. 수용성 비타민이라서 우리 몸이 필요한 양만 흡수하고 과다복용 시에는 소변으로 배출되기 때문에 인체의 부작용을 걱정할 필요도 없다. 비타민 B의 함유 식품에는 시금치, 양배추, 당근, 토마토, 고구마, 버섯, 양파, 무, 해조류, 소고기 등이 있다.

새치는 큐티클층이 두껍고 단단하며 거칠어서 다른 사람에게도 거친 인상을 줄 수 있다. 또한 두꺼운 큐티클층은 발수성의 특징이 있어 모발에 물이 잘 스며들지 않는다. 그래서 새치커버 시에는 색소 침투를 높이기 위해서는 일반 모발 염색과 다른 시술법이 필요하다. 염모제를 모발에 도포 및 랩핑한 후 20분 동안 방치하고 랩을 벗겨낸 다음 다시 20분 동안 방치하는 시술법은 새치커버의 효과를 높여준다.

머리카락은 나이가 들면서 계속해서 얇아지며, 새치가 뽑힌 자리에서 새로운 두 가닥의 머리카락이 자라는 것은 거의 불가능하다. 그래서 새치는 전보다 좀 더 곱슬머리처럼 보이게 하는데, 이는 새치가 건조하고 거칠기 때문이다. 이런 문제를 해결하기 위해서는 부드러운 스타일링 제품을 사용하면 된다.

새치 커버의 효과를 높이기 위한 특별한 비법이 있나요?

**YES**

검고 탐스러운 머리숱을 가졌더라도 새치가 한두 개가 보이는 순간, 예상되는 연령층이 올라간다. 최근에는 스트레스나 유전적인 영향으로 인해 흰머리 혹은 새치머리가 20~30대 젊은 층에 확산되면서 새치머리용 염색약을 멋내기용으로 사용하기도 하지만 염색을 하지 않고 흰머리가 보이는 순간 뽑아버리기 십상이다.

새치는 모발 속의 색에 영향을 미치는 멜라닌세포가 파괴되어 나타나는 현상으로 영양 상태나 노화 등에 의해 머리색이 희어지는 것이므로 뽑은 다음 새치가 더 난다고 느끼는 것은 착각이다. 모낭은 태어날 때부터 정해져 있으므로 사람의 머리숱은 태어날 때 정해져 있다. 그러므로 새치를 뽑는다고 없는 모낭이 더 생길 수는 없으므로 2배로 늘어나는 것은 아니나!

새치를 뽑으면 2배로 늘어나나요?

**NO**

피부와 몸에 좋은 유분제가 모발에도 좋은 것은 아니다. 스킨케어용, 보디케어용으로 만들어진 제품은 피부가 흡수하기에 적합하도록 만들어진 것이기 때문에 오히려 두피와 모발에 먼지가 잘 끼게 되어 모발 건강을 해칠 수 있다. 헤어 케어 시에는 헤어 전용 제품을 사용하는 것이 모발을 관리하는 가장 좋은 방법이며 모발 상태와 상황에 따라 맞춤 제품으로 관리하면 더욱 탱글탱글하게 빛나는 헤어를 가질 수 있다.

모발에 보디오일이나 얼굴용 크림을 사용해도 되나요?

**NO**

머리를 감을 때 물의 온도가 차가우면 머릿결이 탱탱해지거나 뜨거우면 두피 속 이물질이 쏙쏙 빠진다는 것은 모두 잘못된 생각이다. 너무 차갑거나 뜨거운 물의 온도는 피하고, 미지근한 정도의 물로 감는 것이 제일 좋다.

머리를 감는 물이 고온일 경우 신진대사가 왕성해져 피지선을 자극하고 두피의 유분이 과도하게 제거되어 두피는 건조해지고 모발은 푸석해져 버린다. 또한 저온일 경우에는 모근에 붙어 있는 기름기와 노폐물이 제거되지 않아 트러블이 발생할 위험이 있다. 따라서 샴푸를 하기에는 체온보다 약간 높은 정도로 손을 대어 보았을 때 약간 따뜻한 느낌이 드는 수온이 적당하다.

머리는 미온수로 감아야 하나요?

**YES**

염색과 펌 시술 중 모발을 더 손상시키는 것은 펌인가요?

**NO**

염색과 펌, 2가지 모두 화학 시술이기 때문에 이로 인한 모발 손상이 아예 없을 수는 없다. 또한 펌 종류에 따라 모발 손상의 정도가 다르긴 하지만, 일반적으로 염색과 펌 중 모발을 더 손상시키는 것은 염색이다. 특히 머리색이 밝아지는 염색일수록 모발의 손상도가 심해지게 되는데, 염색의 원리는 원모에 염모제가 침투하여 멜라닌색소를 파괴하고, 새로운 컬러를 강제로 넣는 것이기 때문이다. 염색을 너무 자주하면 모발이 건조해질 뿐 아니라 모발 보호막인 큐티클층이 손상되므로 세심한 주의를 기울이지 않으면 돌이킬 수 없는 모발 끊김 현상까지 유발할 수 있어 조심해야 한다.

머리는 아침에 감는 것보다 저녁에 감는 것이 좋나요?

**YES**

모발과 두피 건강을 위해 깨끗한 세정의 생활화는 기본 중의 기본이다! 보통 아침이나 잠들기 전에 샴푸를 하는데, 하루 동안 생활하면서 더러워진 모발을 깨끗이 세정할 수 있는 저녁에 샴푸를 하는 것이 좋다. 두피와 모발이 깨끗한 상태로 휴식을 취할 수 있기 때문이다. 단, 저녁에 샴푸를 한다면 잠자리에 들기 전에 두피와 모발을 완전히 말려야 한다. 머리를 말리지 않은 채로 잠자리에 들면 비듬이 발생하는 원인이 될 수 있으며, 젖은 모발이 침구에 닿아 손상을 입을 수 있다. 아침에 머리를 감는 경우도 마찬가지인데, 특히 바쁜 출근길, 축축한 머리를 하고 나서거나 완전히 말리지 않은 모발을 하나로 묶고 나서는 것 또한 모발과 두피 손상을 일으킬 수 있는 좋지 않은 습관이다. 언제나 모발은 물론 두피까지 완전히 말려 건조하고 청결한 상태를 유지하도록 노력해야 한다.

모자를 쓰는 것이 모발 보호에 도움이 되나요?

**YES**

햇살이 좋은 봄, 강한 자외선의 여름, 환절기의 영향을 받는 가을, 찬바람이 부는 겨울에 외출 시 모자 착용은 두피와 모발을 한 번 더 보호해주는 역할을 한다. 자외선과 바람으로부터 모발과 두피를 지켜주기 때문이다. 모발의 경우에는 외부의 충격이나 자외선 같은 외부 물질로부터 두피를 보호해주지 못하며 물론 심하게 손상될 가능성이 있다. 장시간 자외선에 노출된 모발은 윤기를 잃고 거칠어지며 멜라닌색소의 파괴로 인한 퇴색 및 새치가 유발된다. 환절기 기후나 겨울의 찬바람 또한 모발과 두피를 자극하여 탈모를 유발하는 원인이 되기도 하는데, 모자 착용이나 양산 사용은 이를 예방하는 데 도움이 된다. 단, 모자를 너무 오래 쓰고 있거나 타이트한 모자를 착용한 경우의 두피 압박은 땀의 발산을 막고 모공을 막아 트러블을 유발하기도 하므로 가끔 모자를 벗어 두피와 모발이 바람을 쐬도록 하는 것이 좋다.

머리카락의 자정능력을 믿어도 될까요?

**NO**

하루 이틀 샴푸를 하지 않아도 머리카락과 두피의 자정능력으로 인해 스스로 깨끗해진다는 이야기는 새빨간 거짓말이다. 매일 밤 거울에 비친 머리카락과 두피를 체크한다면, 하루 동안 얼마나 더러워졌는지 확인할 수 있다. 매일매일 샴푸를 통해 두피와 머리카락을 건강하게 관리해야 한다.

너무 많은 양의 샴푸는 오히려 독이다! 과도한 양의 샴푸를 사용하면 윤기 없는 머리카락을 만들 수 있다. 머리카락을 따뜻한 물에 푹 담그고 적은 양의 샴푸를 손바닥에 도포한 뒤 두피와 머리카락을 전반적으로 골고루 부드럽게 마사지 해보자. 수분 이상 샴푸를 해야 과산화지질을 제거할 수 있으며 풍성한 비누거품을 원한다면 샴푸의 양을 늘릴 것이 아니라 물을 충분히 도포한다. 마지막으로 머리카락과 두피에 잔여물이 남지 않도록 깨끗하게 헹궈준다.

샴푸를 많이 쓸수록 세정이 잘 되나요?

**NO**

비듬성 두피는 두피에 피지와 땀, 그리고 각질이 섞여 있는 상태로 공기에 노출되어 비듬이 쌓이고 가려움이 동반되는 것을 말한다. 반면 건성 두피는 피지 분비가 부족한 상태로 건조함과 가려움증, 당김 현상이 동반되는 두피이다. 그러나 건성 두피임에도 불구하고 표피의 유분과 수분이 부족해져서 각질층이 일어나면 거의 건성 비듬 수준이 되어 오해할 수 있다. 간혹 비듬을 제거하기 위해 오일로 두피를 문지르기도 하는데, 이는 굉장히 위험하다.

비듬성 두피는 피지 분비 상태에 따라 건성, 지성, 복합성으로 나뉘긴 하지만, 비듬은 주로 지성 두피에서 발생하기 때문이다. 그러므로 오일을 사용한 클렌징 이후에는 반드시 두피 스케일링을 병행해주어야 한다. 만약 과도한 피지 분비로 번들거리고 끈적이는 지성 두피에 비듬을 제거하고 오일만 문지른다면 피지와 땀, 그리고 각질이 섞인 비듬을 더 큰 덩어리로 만드는 꼴이 되어 버릴 것이다.

비듬성 두피는 주로 건조한 두피(건성 두피)에서 발생하나요?

**NO**

사람이면 누구나 갖고 있는 비듬을 유발하는 균으로 알려진 피티로스포룸이 70% 이상 증식했을 때 비듬성 두피가 만들어지게 된다. 피티로스포룸을 증식시켜 비듬성 두피를 만드는 데에는 여러 가지 원인이 있다. 다이어트 등의 불규칙적인 생활, 비위생적인 생활 습관, 두피에 맞지 않는 잘못된 제품 사용으로 인한 비듬균이 번식하는 환경의 조성 등을 들 수 있다.

그 중에서 만병의 근원인 스트레스는 자신의 의지로 컨트롤을 하기가 힘들기 때문에 비듬성 두피를 유발하는 커다란 원인이 된다. 스트레스를 원만하게 컨트롤 하지 못하면 장애를 촉발하여 두피에 피지 분비가 활성화되기 때문에 비듬을 예방하기 힘든데, 또한 이미 발생한 비듬을 악화시키지 않는 것이 매우 중요하다고 할 수 있다.

스트레스는 비듬성 두피를 악화시키나요?

**YES**

비듬균인 피티로스포룸은 모든 인체가 가지고 있는 균이다. 그렇기에 비듬성 두피가 아니라고 하더라도 잘못된 제품 사용이나 불규칙한 생활 습관으로 인해 비듬균은 다시 증식할 수 있다. 비듬성 두피를 만들지 않기 위해서는 불규칙한 생활습관의 개선, 스트레스의 원만한 컨트롤, 그리고 건강한 두피를 위한 올바른 제품의 꾸준한 사용이 필수적이다. 또 샴푸를 한 후에 잘 말려서 비듬균이 증식하지 않게 한다.

비듬은 완치가 가능한가요?

**NO**

염모제와 산화제의 혼합비율은 꼭 지켜야 하나요?

**YES**

일반적으로 2제의 양이 많아지면 탈색이 많이 일어나서 레벨업이 잘 되고 색상도 선명할 것이라고 생각하지만, 염모제의 권장 비율대로 사용하지 않으면 염색을 실패하는 경우가 종종 발생한다. 그 이유를 알아보자.

1제는 염료와 알칼리제, 2제는 산화제 성분인 과산화수소로 구성되어 있다. 1제의 염료는 모발의 색상을 결정하고, 알칼리제는 2제의 주요 성분인 과산화수소의 산화반응을 촉진하는 역할을 한다. 특히 2제의 과산화수소는 염료를 산화시켜 컬러를 발색하면서 동시에 탈색작용을 하게 되므로 염료의 발색 및 모발의 탈색과 직접적인 관련이 있다. 즉, 2제의 양은 염색한 후 고객의 모발 색상과 지속력, 물빠짐 등에 직접적으로 영향을 주게 된다.

염색한 직후 샴푸 시에는 염모제로 문지르는 것이 좋나요?

**YES**

염색 시술이 끝나고 샴푸에 들어가기 전에 고객의 페이스 라인과 두피에 염모제의 얼룩이 남아 있는 것을 볼 수 있다. 이럴 때 헤어숍에서는 도포된 염모제의 일부로 문질러주고 샴푸에 들어가게 한다. 그렇다면 어떻게 염모제로 생긴 얼룩을 염모제로 없앨 수 있는지 알아보자. 염모제의 기본 구성 물질은 색소, 알칼리제, 계면활성제, 과산화수소수이다. 이중 알칼리제와 계면활성제, 그리고 소량의 물이 두피에 남은 얼룩을 제거하는데 도움을 준다.

만약 염색 색소가 2개가 있을 때 염모제의 색이 육안으로 보인다면 두피나 피부에서 10개가 모여야 색상을 확인할 수 있다. 이때 그 색소가 희석되어 8개가 된다면 피부에는 남아 있지만 육안으로는 보이지 않게 되는 것이다. 그렇게 때문에 얼룩이 남은 두피에 염모제를 문질러주면 염모제 속 소량의 물이 얼룩의 염색 색소를 희석시키게 되고 눈으로는 피부에 남은 염색 색소를 확인할 수 없게 된다. 이때 남은 색소는 샴푸 시마다 서서히 제거된다.

염색 시 알칼리제가 모표피를 열어주어 색소의 염착을 도와주는 반면 그 안의 색소가 빠져 나오게 하는 역할도 한다. 그러므로 염색제로 얼룩 부위를 문질러주면 염모제의 알칼리제가 피부를 팽윤시켜 색소가 움직여 빠져나올 수 있도록 하고, 여기에 계면활성제가 색소 입자들이 고르게 분산되게 하고 잘 씻겨나갈 수 있도록 한다.

트리트먼트와 세럼, 에센스 중 특별히 머릿결을 좋아지게 만드는 제품이 있나요?

**NO**

트리트먼트와 세럼, 에센스와 같은 양모제는 모발에 영양을 공급하여 건강하게 성장할 수 있도록 도와주는 제품군으로, 모발과 두피 상태에 따라 다르게 사용하는 것이 가장 효과적이다. 에센스는 모발의 지모 및 절모를 예방하는 것으로 표면에 코팅막을 형성하여 윤기와 광택을 부여하고 트리트먼트제품은 치료, 처치라는 뜻으로 손상모에 영양을 공급하여 모발에 윤기와 부드러움을 선사한다. 헤어로션의 경우에는 모발의 유·수분 밸런스를 맞추어 건조한 모발에 보습력을 제공한다. 가늘고 약한 모발에는 무게감이 많은 오일류의 제품보다는 볼륨을 살릴 수 있도록 가벼운 질감의 제품을 사용해주는 것이 좋다. 두피에 땀이 많이 나는 타입은 지성 두피일 경우가 많은데, 이런 경우에는 에센스나 세럼과 같은 오일 성분의 제품을 모발의 끝에만 사용하도록 주의하자.

커트를 주기적으로 해야 하나요?
**YES**

주변 사람들이 머리를 기르는 중이라며 지저분해진 긴 머리카락의 커트를 미루는 일은 매우 흔하다. 하지만 머리를 기르는 중에도 주기적인 커트는 필수이다. 모발은 두피에서 멀어질수록 영양분이 제대로 전달되지 않아 끝이 갈라지고, 이것이 모발 전체에 손상을 줄 수도 있다. 그러므로 머리를 기르는 중이라도 적어도 2개월에 한 번씩은 커트를 해주는 것이 좋다. 또 개인의 모발 상태와 디자인 스타일에 따라 다르지만, 디자인 커트의 경우는 보통 1개월 정도의 주기로 해주는 것이 좋다.

펌이나 웨이브 스타일은 머리카락이 길어지면서 전체적으로 부스스해지고 처지는 현상이 발생하기도 하여 이와 함께 컬이 풀려 모발이 부쩍 길어진 것처럼 보이기도 하는데, 이 또한 2개월에 한 번 정도는 헤어숍을 방문하며 커트로 스타일 형태를 잡아주는 것이 좋다.

드라마나 쇼에 나오는 연예인들의 헤어스타일은 펌이나 커트만으로는 나올 수 없나요?
**YES**

여러 가지 방법을 이용하여 방송에 나오는 헤어스타일과 비슷하도록 연출이 가능하지만, 주인공의 스타일처럼 완벽한 모양을 만들기 위해서는 펌이나 커트만으로는 부족하다. 펌이나 커트 시술 이후, 대부분 드라이 또는 아이론기로 스타일링을 연출해야 가능하다.

이에 많은 사람들이 완벽한 스타일 연출을 위해 세팅 도구를 사용하지만 광고처럼 균일한 컬과 예쁜 스타일이 나오지 않는다고들 말한다. 가장 중요한 것은 자신의 모발 타입을 제대로 파악하고 세팅 기구의 올바른 사용법을 숙지한 후 꾸준히 반복해서 연습하는 것이다. 한두 번 시도해보고 좌절하지 말고 안 되더라도 꾸준히 반복하다보면 본인이 원하는 스타일을 연출할 수 있으며 또한 세팅 도구를 사용할 때는 왼쪽에서 오른쪽으로 또는 오른쪽에서 왼쪽으로 똑같은 컬을 만드는 것을 잊지 말자.

펌 시술 후 바로 샴푸하는 것은 좋지 않나요?
**YES**

펌은 모발에 열 또는 화학약품의 작용을 하여 모발 조직에 변화를 주어 오래 유지될 수 있는 웨이브를 만드는 것이다. 펌제품은 주로 환원제와 알칼리제가 주요 성분인 1제와 산화제를 주요 성분인 2제로 구성되는데, 1제의 역할은 모발 본래의 시스틴결합을 끊어주는 것이다. 1제의 작용으로 인해 시스틴결합이 끊어진 모발에 로드 와인딩으로 새로운 웨이브컬을 잡아주고, 2제로 시스틴을 재결합시켜 주어 펌 스타일을 완성한다.

그러나 2제의 작용은 펌 시술이 끝난 후에도 계속되는데, 공기 중에 산화가 이루어지면서 시술 시 이루어지지 않았던 결합들이 다시 이루어지게 된다. 그래서 펌 직후의 샴푸는 모발 결합을 악화시켜 늘어진 컬을 만들 수 있다. 매직 스트레이트를 한 후의 강한 물리적 압력이 모발을 휘게 만드는 것도 이러한 이유 때문이다. 최근 약산성의 샴푸, 혹은 컬러 & 펌 전용 샴푸가 출시되면서 이러한 불편함이 많이 해소되기는 했지만 펌 시술 후 48시간 동안은 샴푸를 피하는 것이 탄력 있는 웨이브 연출에 좋다.

**대머리 중에 여성은 없나요?**

**NO**

사실 대머리 유전자는 성별에 관계없이 유전되기 때문에 여성도 대머리 유전자를 가지고 있다. 다만 대머리 유전자가 작용하기 위해서는 남성 호르몬의 영향이 필요하다. 탈모의 원인이 되는 남성 호르몬은 남성뿐만 아니라 여성의 난소와 부신에서도 소량 분비된다. 즉, 여성도 탈모가 있으며 대머리가 될 수도 있다! 여성 탈모의 경우 헤어라인은 남은 채 정수리 부분에서 주로 탈모가 일어나고 머리가 길어 쉽게 때문에 눈에 띄지 않을 뿐이다. 또한 빈혈, 영양 불균형, 다이어트, 임신, 출산, 피임약 복용 등의 원인 요인뿐만 아니라 최근에는 스트레스와 환경 변화까지 더해져 더욱 다양한 요인들이 여성 탈모를 일으키면서 대머리 발생 가능성이 높아지고 있으니 주의가 필요하다.

**헤어 매니큐어 이후 당분간은 트리트먼트를 하면 안 되나요?**

**YES**

헤어 매니큐어는 모발의 겉 표면인 모표피큐티클층와 모피질 일부층에 작용하여 이온결합을 통해 색상을 연출하는 것이며 4주에서 6주간의 컬러 지속력을 가진다.

반대로 트리트먼트의 경우, 모발 내부로 최대한 깊숙이 단백질이 침투할 수 있도록 돕는 성질이 있다. 이러한 성질은 모표피층에 염착되어 있는 매니큐어를 벗겨낼 위험이 있으며, 색이 빨리 빠지는 데 영향을 줄 수 있다. 그러므로 헤어 매니큐어 시술 후에는 트리트먼트보다는 모발 표면을 보호하면서 동시에 모발을 탄력 있고 부드럽게 만들어주는 컨디셔너를 사용해주는 것이 좋다.

**임신 중에는 염색이나 펌 시술을 피하는 것이 좋나요?**

**YES**

임신했을 때에는 펌이나 염색 시술을 최대한 피하는 것이 좋다. 화학약품으로 만들어진 염색약과 펌제품이 산모와 태아에게 좋지 않은 영향을 미칠 수 있기 때문이다. 특히 임신 초기에는 생리적 밸런스가 깨져 극도로 예민해지고 조금만 스트레스를 받아도 심신이 피로해지기 쉬워 펌이나 염색을 피해야 한다. 시술 시 맡게 되는 염색약과 펌제품의 냄새, 장시간 고정된 자세로 있어야 하는 불편함 때문에 스트레스를 받을 수 있기 때문이다. 이 시기에는 여성 호르몬의 변화가 많아 얼굴에 트러블이 많이 생기기도 하고 피부가 민감해져 외부의 영향에 쉽게 반응하기 때문에 평소에 문제가 없었던 것들에 반응하게 되는 경우가 있으므로 주의해야 한다.

**곱슬머리는 유전이라서 해결방안이 없나요?**

**NO**

곱슬머리는 유전되는 것이 맞다. 곱슬머리의 유전자는 생머리의 유전자보다 우성이라고 전해지고 있기 때문에 부모의 유전인자에 따라 달라지며 경우의 수로 따져보면 곱슬머리가 될 확률은 87.5%이다. 그러나 곱슬머리를 가진 이들은 찰랑거리는 모발을 원하며, 이는 매직 스트레이트 시술을 통해 해결이 가능하다. 매직 스트레이트는 열펌의 일종으로 곱슬머리의 자성적 성질을 스트레이트 모발로 변화시키는 효과를 준다. 다만 심한 악성 곱슬머리의 경우 찰랑거리는 모발까지는 조금 힘들지만 스트레이트 느낌의 연출은 가능하다. 또한 매직 스트레이트는 관리하기 편한 헤어스타일로 펌 시술 후에는 털어서 말리기만 하면 된다.

컨디셔너를 사용하면 오히려 머릿결이 안 좋아지나요?

**NO**

컨디셔너의 주성분에는 음전하 상태의 모발에 흡착하여 정전기를 방지하고 모발을 찰랑거리게 가꿔주는 '양이온 계면활성제'와 샴푸에 의해 소실된 지질을 보충하여 윤기를 제공하는 '실리콘' 등이 있다. 컨디셔너를 사용하면 오히려 머릿결이 안 좋아질 수 있다는 말은 여기에서 나온 것인데, 실리콘 성분이 잘 헹궈지지 않아 두피에 흡착되면 사람에 따라 가려움증을 유발하거나 비듬의 원인 요인이 될 수 있기 때문이다. 또한 흡착된 물질들이 쌓여 모공을 막게 되면 모발이 가늘어지게 되는 원인이 될 수도 있다.

하지만 컨디셔너의 원래 역할은 모발 표면을 보호하고 동시에 모발을 탄력 있고 부드럽게 만들어 정전기를 방지하고 정돈하기 쉽도록 하는 것이다. 즉, 컨디셔너를 제대로만 사용한다면 모발의 부드러움과 매끄러움은 물론 빛나는 윤기를 얻을 수 있다.

비오는 날에 하는 펌은 일회성인가요?

**NO**

우리의 신체 중 습도에 가장 민감하게 반응하는 분위가 바로 모발이다. 그렇기에 비오는 날이나 흐린 날에는 평소보다 모발에 힘이 없고, 형태에도 변화가 있어 펌 시술이 어려울 수 있다. 대기 중의 수분이 머리카락으로 흡수되어 모발 내 수분 함유량이 많아지고 서로간의 응집력이 생겨 펌제품으로 변경한 조직 배열이 고정되는 것을 방해할 수 있기 때문이다. 그러나 이는 헤어숍의 주요 시술방법이 일반 펌일 때 제품력이나 펌 시술 도구가 발전하지 못해 날씨의 영향을 크게 받았던 옛 이야기이다! 요즘에는 다양한 펌제품과 기구를 활용한 펌이 일반화되어 있어 날씨와 상관없이 멋진 스타일을 연출할 수 있으니 걱정할 필요 없다.

염색과 펌을 동시에 시술을 받는 경우, 염색보다 펌을 먼저 하는 것이 낫나요?

**NO**

원칙적으로 염색과 펌을 동시에 시술을 받는 일은 피해야 한다. 염색과 펌, 모두 머릿결을 상하게 하는 화학 시술인 동시에 시술을 진행하게 되면 치명적인 머릿결의 손상을 불러일으킬 수 있다. 물론 개인의 모발 상태에 따라 동시에 시술을 받아도 상관없는 건강한 모발이 있지만, 이는 극히 드문 경우다. 만약 반드시 펌과 염색을 동시에 시술을 받아야만 하는 경우에는 각각의 장단점을 잘 따져보고 선택하도록 하자. 염색보다 펌을 먼저 할 경우 염색약의 영향을 받아 기존의 웨이브 컬이 보다 빨리 풀릴 수가 있으며, 반대로 염색을 먼저 하고 펌을 진행하면 컬러의 변색 가능성이 있다. 따라서 가능하면 2가지 시술을 약 열흘간의 기간을 두고 따로 받도록 한다.

가는 모발보다 굵은 모발에서 펌 시술이 더 잘 되나요?

**YES**

영양이 빠져나가 힘이 없고 가는 모발보다는 손상이 없고 탄력 있는 건강한 모발에 웨이브컬이 보다 선명하게 연출되며 스타일의 지속 기간이 긴 것은 당연하다. 그렇다면 손상 여부와 상관 없이 가는 모발과 굵은 모발은 어떠할까? 우리 모발에 펌제가 실제로 시술되는 부분인 모간부는 모표피, 모피질, CMCcell membrane complex, 모수질로 이루어져 있다. 우리가 흔히 '큐티클층'이라고 부르는 모표피층은 모발 내부를 보호하며 에센스, 헤어로션 등이 작용한다. 모피질은 클리닉 시에 단백질이 주로 공급되는 층으로 염색제와 펌제가 적용된다. CMC는 모발의 내부 결합 및 탄력성을 유지하는 모발 지질이며 유출 시에 모발이 손상되는 주요 원인이 된다. 미세 공기층으로 보온의 역할을 담당하는 모수질의 경우에는 가지고 있는 사람도 있고 없는 사람도 있는데, 이에 따라 펌 스타일의 연출력과 지속력이 결정된다. 대부분의 힘이 없고 가는 모발이 모수질을 가지고 있지 않으며 모수질을 가지고 있는 모발보다 펌 스타일의 연출력이 떨어진다. 그러므로 평균적으로 가는 모발보다는 굵은 모발에서 펌이 더 잘 된다고 말할 수 있다.

땀이 많아 하루에 여러 번 샤워한다면 머리도 2~3번 감아도 되나요?

**NO**

땀이 고인 두피를 그대로 두기가 찝찝하여 여러 번 감는다면 순간적으로 깨끗해진 느낌은 들지만 점차 두피가 건조하고 가려운 느낌이 들게 된다. 이유는 머리를 감고 말릴 때 주의해야 하기 때문에 지성 두피라면 하루 1~2회 정도 샴푸하는 것은 괜찮지만 건성 두피라면 하루에 1회 이상 감지 않는 것을 권장한다. 특히 가을철 같은 환절기에는 두피가 건조해지기 쉽기 때문에 잦은 샴푸는 두피에 필요한 기름기까지 제거해버려 비듬이나 염증이 발생할 수 있다. 샴푸를 한 후에는 두피에 수분을 공급할 수 있도록 두피팩이나 헤어팩을 하는 것이 도움이 되고 헤어오일이나 헤어에센스를 발라 모발의 수분이 빠져나가지 않도록 코팅을 해주는 것도 좋다.

모발 상태와 스타일에 따라 사용하는 빗과 빗질방법이 다르나요?

**YES**

아직도 집에서 굴러다니는 플라스틱 도끼빗을 쓰고 있다면 서둘러 자신의 모발 상태에 맞는 빗부터 찾아야 한다. 올바른 빗 선택과 빗질법이 연예인 버금가는 머릿결은 물론, 건강한 두피까지 지켜주기 때문이다.

자신의 두피 상태와 헤어스타일에 적합한 빗을 선택한 후 브러시와 손목을 회전시키면서 앞머리부터 뒤로 빗질한다. 옆쪽 모발은 뒤쪽으로 머리카락의 흐름에 따라 수평으로 빗고, 뒤쪽 모발은 흐름과 반대 방향으로 빗질한 다음 위에서 아래로 마무리하듯 전체를 빗어 볼륨을 준다. 모발 흐름에 따라 빗질하면 스타일은 물론 윤기까지 달라진다.

부록
APPENDIX

# 헤어 용어

**간접적인 와인딩** 펌 시술 전에 보호제나 물을 도포하여 와인딩을 한 후 환원제를 도포하는 방법이다.

**겹 페이퍼(book end paper)** 엔드 페이퍼를 반으로 접어 모선을 감싸서 와인딩을 하는 방법이다.

**단면 페이퍼(end paper)** 페이퍼를 윗면에만 올려놓고 와인딩을 하는 방법이다.

**로드 아웃(rod out)** 펌 시술시간이 끝낸 후 와인딩이 된 로드를 풀어 떼어내는 것이다.

**롤(roll)** '만다, 감아준다'는 뜻이다.

**리버스(reverse)** 얼굴에서 뒤쪽 방향을 말한다.

**멜라닌(melanin)** 자외선을 받은 피부와 모발을 보호하기 위해 만들어내는 색소 세포로, 멜라노사이트(melanocyte) 색소 세포는 티로신을 원료로 멜라닌을 생성한다.

**모간(hair shaft)** 모발에서 우리 눈으로 확인할 수 있는 부분으로 표면부터 표피, 피질, 수질로 구분된다.

**모근(hair root)** 모발 중 두피 및 모낭 안에 들어 있는 부분이다.

**모표피(cuticle)** 모발의 가장 바깥층으로 투명한 세포로 되어 있다.

**모피질(cortex)** 모발의 색소를 함유하고 있는 층으로 친수성 약제가 이 부분에 작용한다.

**방치시간(processing time)** 환원제가 모발을 연화, 팽윤시키고 시스틴결합을 끊어주는 데 필요한 시간이다.

**벽돌 와인딩** 로드나 롤을 벽돌을 쌓을 때처럼 감는 와인딩이다.

**브롬산나트륨($NABrO_3$)** 펌 2제의 성분 중 하나이다.

**브롬산칼륨($KBrO_3$)** 펌 2제의 성분 중 하나이다.

**블로킹(blocking)** 와인딩을 정확하게 빨리 하기 위해 두부를 나눠서 작업한다.

**사선 섹션(diagonal section)** 대각선으로 비스듬하게 섹션을 나눈 상태를 말한다.

**산성 펌(acid permanent wave)** pH 5.8~7.9의 펌 용제의 종류로 치오글리콜산계의 펌제보다 순하다.

**산화 작용(oxidation)** 산화제를 도포하여 환원제에 의해 끊어진 시스틴결합을 재구성시키고 모발 본래의 견고성과 탄력성을 되찾게 하는 과정이다.

**섹션(section)** 블로킹을 해서 크게 구분된 부분이다.

**센터 파트(center pert)** 가운데 가르마를 5 : 5 비율로 나누는 것이다.

**셰이핑(shaping)** 원하는 방향으로 머리카락 다발을 빗질한다.

**수직 섹션(vertical section)** 수직으로 섹션을 나눈 상태이다.

**수평 섹션(horizontal section)** 수평으로 섹션을 나눈 상태이다.

**스템(stem)** 컬이 시작하는 부분부터 컬이 말리기 시작한 지점까지를 이르는 말이다.

**스트랜드(strand)** 필요한 크기만큼의 섹션으로 뜬 머리다발이다.

**스파이럴 와인딩(spiral winding)** 로드를 수직으로 세워 나선형으로 돌려서 마는 기법이다.

**슬라이스(slice)** 블로킹이 되어 있는 부분을 로드만큼 수평으로 뜨는 작업이다.

**시스틴결합(S-S bond)** 모발에 견고성을 주는 축쇄결합, 이황화물 교차결합이다.

**알칼리도(alkalinity)** 1제에 포함되어 있는 유리 알칼리양의 정도이다.

**양면 페이퍼(double end paper)** 엔드 페이퍼를 하나는 스트랜드의 아래쪽에, 또 하나는 위쪽에 겹치도록 하여 모발 끝을 감싸서 와인딩을 하는 방법이다.

**언더 프로세싱(under processing)** 작용시간이 너무 짧아 컬이 약하고 탄력이 없는 상태로 실내 온도와 비닐 캡 내의 온도에 주의하여 방치시간을 조절한다.

**오버 타임(over time)** 펌 시술 시에 환원제를 도포한 후 방치시간이 초과되는 것이다.

**오버 프로세싱(over processing)** 모발을 건조하게 하며 모발에 심한 손상이 온다.

**오프 베이스(off base)** 머리 줄기를 90° 이하로 말아가는 것이다.

**온 베이스(on base)** 머리 줄기를 90° 이상으로 하여 로드에 와인딩을 하는 방법이다.

**와인딩(winding)** 모발을 로드에 감는 랩핑(wrapping)이라고도 한다.

**전대각 섹션** 얼굴 방향으로 사선 섹션을 나눈 상태, 모류가 리버스 방향이다.

**중간 린스(plain rinse)** 방치시간 후 따뜻한 물로 모발에 도포한 환원제를 헹구어주는 것이다.

**중화제(neutralizer)** 환원제의 작용을 정지시키고 모발 케라틴의 시스틴결합을 재구성해주며 팽윤된 모발을 다시 탄력 있고 견고하게 해주는 펌 2제이다.

**천체 축(celestial axis)** 동서남북의 기본 각도이다.

**침투(penetration)** 액체, 종이, 섬유 등 고체조직 내부로 스며들어가는 현상이다.

**콜드 웨이브(cold wave)** 열을 가하지 않고 펌을 시술하는 방법이다.

**크로키놀 와인딩(croquignole winding)** 모발을 로드의 중심으로 겹치게 하여 모근까지 와인딩을 하는 방법이다.

**테스트 컬(test curl)** 모발에 환원제의 작용 정도와 컬의 형성을 확인하기 위해 실시하는 방법이다.

**텐션(tension)** 와인딩 시에 스트랜드를 잡아당기는 힘의 정도이다.

**트위스트 와인딩(twist winding)** 모발을 비틀어서 와인딩을 하는 방법이다.

**파팅(parting)** '가르다, 나눈다'는 뜻이다.

**패널(panel)** 만들어진 섹션을 빗질하여 평평하게 잡는 상태이다.

**포워드 와인딩(forward winding)** 얼굴 방향으로 와인딩을 하는 방법이다.

**프레샴푸(pre shampoo)** 'pre'는 '~전에'라는 뜻으로 화학적 시술을 하기 전에 하는 샴푸를 말한다.

**프로세싱 로션(processing lotion)** 펌제의 1제(환원제)이다.

**프로세싱(processing)** 모발에서 펌제의 작용과정이다.

**하프 오브 베이스(half of base)** 두피로부터 스트랜드를 90°로 하여 로드에 와인딩을 하는 방법이다.

**헤어라인(hair line)** 머리가 나는 부분으로 프런트라인, 사이드라인, 오프라인 등의 명칭이 있다.

**헤어밴드(hair band)** 모발에 사용된 펌제가 흘러내리지 않도록 얼굴 주위에 둘러 주는 밴드이다.

**헤어스트레이트(hair straight)** 곱슬머리나 펌 머리를 곧게 풀고자 할 때 사용한다.

**헤어스프레이(hair spray)** 세팅한 모발 위에 고루 분무하여 헤어스타일을 원하는 형태로 유지시키기 위해 마무리용 정발제로 폭넓게 사용된다.

**헤어크림(hair cream)** 물과 유분을 유화시킨 제품으로 모발을 단정히 정돈해주고 동시에 보습 효과와 광택을 주는 기능이 있다.

**헤어트리트먼트(hair treatment)** 트리트먼트는 치료라는 뜻이지만, 일반적으로 모발이 손상되는 것을 방지하고 손상된 모발을 회복시켜줄 목적으로 사용된다.

**환원 작용(reduction)** 환원제를 도포하여 모발 케라틴을 연화, 팽창시켜 시스틴결합을 끊어주는 과정이다.

**환원제(reduction agent)** 모발 케라틴을 연화, 팽창시켜 시스틴결합을 끊어주는 펌 1제이다.

**후대각 섹션** 얼굴의 뒤 방향으로 사선 섹션을 나눈 상태, 모류가 포워드 방향이다.

**히트 웨이브(heat wave)** 약품을 바른 후 전기를 통해 열을 가해서 하는 펌이다.

## 참고문헌
REFERENCE


고경숙 외(2009). 스캘프 헤어 샴푸 & 컨디셔닝. 훈민사.

곽형심(1998). 모발미용학. 정문각.

구본미 외(2000). 샴푸 & 트리트먼트. 청구문화사.

국제미용교육포럼학술위원회 편저(2004). 모발학. 청구문화사.

김보경 외(2003). The Best Perm. 훈민사.

김보경 외(2006). 두피부터 시작하는 모발관리학. 훈민사.

김영미 외(2009). 베이직 퍼머넌트 웨이브. 청구문화사.

김주섭 외(2010). 모발과학. 훈민사.

김춘일 외(2001). 퍼머넌트 웨이브 디자인. 고문사.

나렌드라 메타 저, 힐링헤어케어협회 역(2002). 인도의 헤드 마사지. 현문사.

노정애 외(2005). Permanent Wave Design. 훈민사.

유현수 외(2004). Wave on Hair. 청구문화사.

이원경(1998). 모발미용학. 청구문화사.

정년구 외(2002). Design of Permanent Wave. 도서출판 성화.

정현진(2004). 미용문화사. 광문각.

최근희 외(2001). 모발관리 이론 및 실습. 수문사

최연희 외(2011). Fun Fun Perm. 청구문화사.

최연희(2012). 두피·모발관리학. 청구문화사.

http://blog.daum.net/hairmagic/1743882

http://blog.naver.com/ato100/?Redirect=Log&logNo=30114759920

http://blog.naver.com/babydoll03?Redirect=Log&logNo=50126235353

http://blog.naver.com/babydoll03?Redirect=Log&logNo=50126237758

http://blog.naver.com/mgb501?Redirect=Log&logNo=110149824136

http://blog.naver.com/PostView.nhn?blogId=omerta22&logNo=10160552573

http://blog.naver.com/std03?Redirect=Log&logNo=10152264353

http://blog.naver.com/wt6521?Redirect=Log&logNo=80185627787

http://cafe.daum.net/SBSartistoffice/6ZqA/38?docid=3864076670&q=1950%B3%E2%B4%EB%20%C7%EC%BE%EE&re=1

http://terms.naver.com/entry.nhn?cid=703&docId=1003433&mobile&categoryId=703

http://www.talmo.com/home/bbs/tb.php/grayinform/64

# 그림출처

SOURCE OF FIGURE

## 1장

그림 1 ⓒ 곽형심 외(2005). 모발과학. 수문사, p.9

그림 2 ⓒ 곽형심 외(2005). 모발과학. 수문사, p.11

그림 5 ⓒ 김영숙 외(2005). 두피모발 관리학. 대경, p.27

그림 6 ⓒ 김명주 외(2009). 퍼머넌트 총론. 청구문화사, p.27

그림 7 ⓒ 곽형심 외(2005). 모발과학. 수문사, p.22

그림 10~11 ⓒ 곽형심 외(2005). 모발과학. 수문사, p.16

그림 12 ⓒ 곽형심 외(2005). 모발과학. 수문사, p.92

## 2장

그림 1 ⓒ 위키피디아 http://commons.wikimedia.org/wiki/File:Maler_der_Grabkammer_der_Nefertari_003.jpg

그림 2 ⓒ 위키피디아 http://commons.wikimedia.org/wiki/File:Maler_der_Grabkammer_des_Nacht_004.jpg

그림 4 ⓒ 위키피디아 http://en.wikipedia.org/wiki/File:Bust_Attis_CdM.jpg

그림 5 ⓒ JustinMN (위키피디아 ⓒⓘ) http://www.flickr.com/photos/consciousvision/3514373163/

그림 6 ⓒ 위키피디아 http://commons.wikimedia.org/wiki/File:Woman_chiton_Musei_Capitolini.jpg

그림 7 ⓒ Stuart Yeates (위키피디아 ⓒⓘⓢ) http://commons.wikimedia.org/wiki/File:Roman_Statue_of_Apollo.jpg

그림 8 ⓒ 셔터스톡

그림 9 ⓒ Jean-Pol GRANDMONT (위키피디아 ⓒⓘⓢ) http://upload.wikimedia.org/wikipedia/commons/5/5e/0_Constantinus_I_-_Palazzo_dei_Conservatori_%281%29.JPG

그림 10 ⓒ 위키피디아 http://commons.wikimedia.org/wiki/File:A.D._800-1000_Byzantines_-_024_-_Costumes_of_All_Nations_(1882).JPG

그림 11 ⓒ 위키피디아 http://hu.wikipedia.org/wiki/F%C3%A1jl:Haghia_Sophia_virgin_irene_john2.jpg

그림 12 ⓒ 위키피디아 http://en.wikipedia.org/wiki/File:Eug%C3%A8ne_Ferdinand_Victor_Delacroix_012.jpg
외젠 들라크루아, 십자군의 콘스탄티노플 함락, 루브르 박물관 소장

그림 13 ⓒ 위키피디아 http://commons.wikimedia.org/wiki/File:John_Collier_Queen_Guinevre%27s_Maying_-_Ausschnitt.jpg
존 콜리어, 기네비어 왕비의 5월 축제(Queen Guinevere's Maying)

그림 14 ⓒ 에드문트 블레어 레이튼, 노래의 끝

그림 15 ⓒ 지로데 트리오종, 프리지안 보닛을 쓴 자화상(Autoportrait au bonnet phrygien)

그림 16 ⓒ 한스 멤링, 젊은 여인의 초상화, 벨기에 멤링미술관 소장

그림 17 ⓒ 위키피디아 http://en.wikipedia.org/wiki/File:Dama_z_gronostajem.jpg
레오나르도 다빈치, 담비를 안고 있는 여인

그림 18(좌) ⓒ 위키피디아 http://ca.wikipedia.org/wiki/Fitxer:Isabella_of_Portugal_by_Titian.jpg
베첼리오 티치아노, 포르투갈의 이사벨라의 초상

(우) ⓒ 위키피디아 http://en.wikipedia.org/wiki/File:Queen_Elizabeth_I_(%27The_Ditchley_portrait%27)_by_Marcus_Gheeraerts_the_Younger.jpg
소(小) 마르쿠스 헤라르츠, 엘리자베스 1세 여왕의 초상

그림 19 ⓒ 위키피디아 http://en.wikipedia.org/wiki/File:Sir_Walter_Ralegh_by_%27H%27_monogrammist.jpg

작가 미상, 월터 롤리 경의 초상

그림 20 ⓒ 위키피디아 http://commons.wikimedia.org/wiki/File:Colbert_villacerf_1685.jpg
피에르 미냐르, 빌라세르프의 후작인 에두아르 콜베르의 초상

그림 21 ⓒ 피터 렐리, 흑인 하인과 함께 있는 엘리자베스 머리

그림 22 ⓒ 다니엘 미텐스, 찰스 1세의 초상

그림 23 ⓒ 위키피디아 http://commons.wikimedia.org/wiki/File:LouisXIII.jpg
필립 드 샹파뉴, 대관식 예복을 입은 루이 13세

그림 24 ⓒ 피에르 미냐르, 나뮈르 앞에서 승리의 관을 쓰고 있는 말을 탄 루이 14세

그림 25 ⓒ 위키피디아 http://commons.wikimedia.org/wiki/File:Vig%C3%A9e-Lebrun_Marie_Antoinette _1783.jpg
엘리자베스 루이스 비제 르브룅, 장미를 들고 있는 마리 앙투아네트 왕비

그림 26 ⓒ 위키피디아 http://commons.wikimedia.org/wiki/File:Boucher_Marquise_de_Pompadour_1756.jpg
프랑수아 부셰, 퐁파두르 부인의 초상

그림 27 ⓒ J. 뭘니에, 모자를 쓴 여인의 초상

그림 28 ⓒ 폼페오 바토니, 요크셔의 히스홀에 있는 존 스미스

그림 29 ⓒ 자크 루이 다비드, 드 베르니낙 부인의 초상, 루브르 박물관 소장

그림 30 ⓒ 위키피디아 http://en.wikipedia.org/wiki/File:Josephine_de_Beauharnais,_Keizerin_der_Fransen.jpg
프랑수아 제라르, 대관식 예복을 입은 조세핀 황후

그림 31 ⓒ 프란츠 사버 빈터할터, 빅토리아 여왕의 초상

그림 32 ⓒ 위키피디아 http://commons.wikimedia.org/wiki/File:August_Riedel_Portrait_Therese_von_Schenk.jpg
어거스트 리델, 테레제 폰 솅크의 초상(Therese von Schenk)의 소상

그림 33 ⓒ 위키피디아 http://commons.wikimedia.org/wiki/File:Winterhalter_Elisabeth_2.jpg
프란츠 사버 빈터할터, 오스트리아의 엘리자벳 황후(Elisabeth von Wittelsbach)의 초상

그림 34 ⓒ 위키피디아 http://it.wikipedia.org/wiki/File:Winterhalter_Franz_Xavier_The_Empress_Eugenie_Surrounded_by_her_Ladies_in_Waiting.jpg
프란츠 사버 빈터할터, 궁의 부인들에게 둘러싸인 외제니 황후

그림 35 ⓒ 제임스 티소, 라일락 다발, 뉴욕 프릭미술관 소장

그림 36 ⓒ 위키피디아 http://commons.wikimedia.org/wiki/File:1880s-fashions-overview.jpg

그림 37 ⓒ 위키피디아 http://en.wikipedia.org/wiki/File:Chanel_jersey_casual_wear_1917,_.jpg

그림 38~60 ⓒ 셔터스톡

그림 61 ⓒ 위키피디아 http://commons.wikimedia.org/wiki/File:Hats_and_Dresses_in_Seoul_Korea,_1910.jpg

그림 62 ⓒ 위키피디아 http://ko.wikipedia.org/wiki/%EB%8B%A4%EB%93%AC%EC%9D%B4

그림 63 ⓒ 위키피디아 http://en.wikipedia.org/wiki/File:Provisional_Government_of_the_Republic_of_Korea.jpg

그림 64 ⓒ 위키피디아 http://commons.wikimedia.org/wiki/File:Choi_Seung-hee2.jpg

그림 65 ⓒ Michael Sean Gallagher (플리커 🅭🅯🄎) http://www.flickr.com/photos/michaelgallagher/4645460331/

## 10장

1~25 ⓒ 오산대학교 헤어아트과 학생작품

# 찾아보기
INDEX

## 저자 소개

최연희 _ 오산대학교 헤어아트과 교수

최중석 _ 오산대학교 헤어아트과 겸임교수

FUN
FUN
BASIC
PERM

2014년 2월 22일 초판 인쇄 | 2014년 2월 28일 초판 발행

**지은이** 최연희·최중석 | **펴낸이** 류제동 | **펴낸곳** (주)교문사

**전무이사** 양계성 | **편집부장** 모은영 | **책임진행** 손선일 | **표지디자인** 신나리
**본문디자인·편집** 이연순 | **제작** 김선형 | **홍보** 김미선 | **영업** 이진석·정용섭·송기윤
**출력** 삼신출력 | **인쇄** 삼신인쇄 | **제본** 한진제본

**주소** 413-756 경기도 파주시 교하읍 문발리 출판문화정보산업단지 536-2
**전화** 031-955-6111(代) | **팩스** 031-955-0955 | **등록** 1960. 10. 28. 제406-2006-000035호
**홈페이지** www.kyomunsa.co.kr | **E-mail** webmaster@kyomunsa.co.kr

ISBN 978-89-363-1395-1(93590) | **값** 25,000원